*Julius von Olivier*

# Was ist Raum, Zeit, Bewegung, Masse?

*Was ist die Erscheinungswelt?*

Verlag
der
Wissenschaften

*Julius von Olivier*

**Was ist Raum, Zeit, Bewegung, Masse?**

*Was ist die Erscheinungswelt?*

*ISBN/EAN: 9783957004390*

*Auflage: 1*

*Erscheinungsjahr: 2015*

*Erscheinungsort: Norderstedt, Deutschland*

Hergestellt in Europa, USA, Kanada, Australien, Japan
Verlag der Wissenschaften in Hansebooks GmbH, Norderstedt

Was ist

# Raum, Zeit, Bewegung, Masse?

## Was ist die Erscheinungswelt?

Von

### Julius von Olivier,

Major a. D.

Zweite bedeutend erweiterte und verbesserte Auflage.

———— ⟶⟶⟶⟵⟵ ————

MÜNCHEN.
Verlag von LOUIS FINSTERLIN.
1902.

# Vorwort.

Ein System der Philosophie biete ich hier, das will sagen, eine umfassende in sich abgeschlossene Weltanschauung. Sie ist das Resultat sorgfältigen Studiums und Nachdenkens über Probleme, deren Lösung das Menschengeschlecht seit Jahrtausenden beschäftigt.

Die ganze Darstellung ist im Interesse der Kürze in die knappste Form gedrängt. Ich selbst habe viel zu oft über die Breite und Weitschweifigkeit philosophischer Schriften geseufzt, als dass ich in den gleichen Fehler verfallen sollte. Die entscheidenden Wahrheiten sind immer einfach; sie gehen unter in dem endlosen Wortgeklapper. Sehr wenige lesen solche Folianten durch.

Hier sind nach bestem Wissen die Goldkörner für den Leser herausgesucht. Oft genug sind es ganz selbstverständliche Wahrheiten, aber die Kunst besteht darin, den Wert einer solchen zu erkennen, die weittragenden Konsequenzen zu übersehen, zu welchen sie den Schlüssel bieten.

Ich habe mir auch alle Mühe gegeben, so zu schreiben, dass mir jeder Gebildete folgen kann. Allerdings besteht ein grosser Teil dieser Arbeit aus mathematischen Darlegungen, und die Meisten haben davor solchen Respekt, dass sie ein Buch gleich zuklappen, wenn sie Formeln sehen. Mag der Leser sich dadurch nicht abschrecken lassen, er kann ruhig alles derartige überschlagen, das Wichtigste ist auch ohne Mathematik verständlich, fordert nur gesunden Menschenverstand; die Begründung aber kann der Mathematik nicht entraten. Wie ein Roman liest sich allerdings ein solches Buch niemals; es stellt an den Leser die Anforderung, dass er vor geistiger Arbeit nicht zurückweicht.

Im Interesse der Kürze hat der Verfasser viele Gebiete, die andere schon ausführlichst behandelt haben, nicht berührt. Was hier gesagt wird, halte ich für neu, oder doch wenig gekannt, oder die Art der Darstellung für besonders leicht verständlich.

Man wird sich wundern, hier den längst bekannten Elementen der Bewegungslehre einen hervorragenden Platz eingeräumt zu sehen, aber ohne ihre Kenntniss ist jedes Verständniss der einfachsten Vorgänge in der Erscheinungswelt ganz unmöglich; diese liegt uns Menschen doch am nächsten.

Ich würde es mir als ein grosses Verdienst anrechnen, wenn diese Elementar-Kenntnisse durch meine einfache Darstellung in weitere Kreise getragen würden, denn sie sind theoretisch und praktisch die wichtigste Errungenschaft des Menschengeschlechtes.

Hier in diesem Buch wird der reale Untergrund nach Kräften festgehalten. Wahrheit wird gesucht, rückhaltlose Wahrheit. Wer diese finden will, „muss den Mut haben, hinabzusteigen in die Abgründe absoluter Verneinung", dann erst sinken die Schleier, welche die Wahrheit verhüllen. Ernste Worte spricht sie, die uns erbeben lassen bis ins Mark. Hat man sich aber in ihr hartes Urteil ergeben, so fühlt man sich erhoben und befreit.

Wer ihre Worte nicht hören will und sagt:

> Ein Wahn, der mich beglückt,
> Ist alle Wahrheit wert,
> Die mich zu Boden drückt,

für den ist dieses Buch nicht geschrieben,

> „der baue seinen Garten und grüble nicht."

Aug. Compte fordert in der Philosophie den Ausschluss aller praktischen Fragen; sie soll über diesen schweben, wie weiland Gott über den Gewässern. Ganz entgegengesetzt vertrete ich die Ansicht, dass in der Ausführung der praktischen Folgerungen der grösste Wert liegt. Das lange Gerede hat wenig Bedeutung, wenn Andere erst herausbringen sollen, was man damit anfangen kann.

Wer eine Wahrheit erkennt, hat die Pflicht, ihr Raum zu geben in seiner Lebenspraxis, voranzugehen in der Ausführung, durch sein Beispiel seinen Worten Achtung zu verschaffen, sonst hält er besser seine Zunge. Christus sagt, das sind Heuchler und Lügner, die andern Lasten zumuten, die sie selbst nicht tragen wollen.

So mag diese Arbeit zum zweiten Male ihren Weg nehmen in die weite Welt. Meinen Nebenmenschen zu nützen ist das einzige Ziel, das ich dabei verfolge. Möge sie dazu beitragen, die blinden Vorurteile zu beschränken, die so viel Unglück in die Welt bringen, wo es doch für alle viel, viel besser sein könnte.

München, Oktober 1901.

Der Verfasser.

# Inhalts-Verzeichniss.

# Einleitung.

Fortlaufende Veränderungen nach allen Richtungen, das ist die ausgeprägteste Eigenschaft der Erscheinungswelt.

Unsere Sinne geben uns Kunde von diesen Veränderungen und mit ihrer Hülfe vergleichen, zerlegen und ordnen wir sie.

Dabei kommen wir bald auf allgemeine, immer wiederkehrende Kategorieen der Vergleichung, die nicht weiter zerlegbar sind.

Die folgenden mögen genannt werden:

1. Die Zahl (Quantität).

Eine Zahl ist immer ein Quantitätsvergleich mit der Einheit. Sie kann mit einer anderen durch Addition, Subtraktion, Multiplikation und Division verbunden werden; das Resultat ist immer wieder eine Zahl.

Die Mathematik ist die Lehre von den genauen Vergleichen; meistens handelt es sich um Zahlenvergleiche.

Eine Formel ist immer ein solcher Vergleich; ihre Bestandteile sind Zahlen und sollen in der Regel ausdrücken, wie man sich den Zusammenhang einer Erscheinung zu denken hat.

So lautet z. B. die Formel 10 Seite 15 für die Geschwindigkeit v, welche ein Körper von der Masse M in der Zeit t durch die konstante Kraft $\varphi$ erhält $v = \dfrac{t \cdot \varphi}{M}$.

Das heisst, die erhaltene Geschwindigkeit ist proportional der Intensität dieser Kraft, proportional der Dauer ihrer Einwirkung und verkehrt proportional der Masse des Körpers.

Will man die Formel in einem bestimmten Fall anwenden, so hat man die Grössen t, $\varphi$, M mit den unten angegebenen allgemein angenommenen Einheiten zu messen, diese Zahlenwerte einzusetzen und erhält dann die Grösse der gesuchten Geschwindigkeit v als eine Zahl, die angiebt, wie viel mal sie grösser oder kleiner, als die Geschwindigkeit 1, ist.

2. Die Zeit.

3. Die Wegstrecke.  
4. Der Richtungsunterschied (Winkel)

} Es sind die zwei Teilvorstellungen des Raums.

Der Raum selbst ist keine Fundamentalvorstellung.

· Alle Raumverhältnisse reduciren sich auf Beziehungen zwischen den genannten beiden Grössen.

Eine Wegstrecke ohne Richtungsveränderung ist eine gerade Linie.

Zwei Wegstrecken mit gleicher Richtung sind zwei Parallellinien.

Eine Wegstrecke mit fortlaufend gleichmässig einfacher Richtungsveränderung ist der Kreis. Die Spuren von Linien, welche ihre Lage verändern, geben Flächen, die Spuren von Flächen geben Körper.

5. Die Masse (Quantität wägbarer Materie).

6. Die Kraft.

In der Absicht Vergleiche zu machen, setzen wir Einheiten fest, mit welchen wir diese Grössen messen.

Für die Zeit ist die allgemein gewählte Einheit die Sekunde.

Für die Wegstrecke ist es der Meter.

Für die Richtung ist es der Grad, der 360ste Teil einer ganzen Umdrehung.

Für die Kraft ist es der Druck eines Kilogramms auf seine Unterlage an der Erdoberfläche.

Für die Masse ist die Einheit 9,81 Kilogramm. Den Grund zu dieser scheinbar seltsamen Annahme werden wir bald kennen lernen. (Seite 14).

Jede Einzelne dieser verschiedenen Kategorieen ist durchaus verschieden von den übrigen, ist nur vergleichbar mit einer Grösse derselben Kategorie; eine Zahl kann nur mit einer Zahl, eine Wegstrecke nur mit einer Wegstrecke, eine Masse nur mit einer Masse verglichen werden.

Der Unterschied zwischen Grössen derselben Kategorie kann ein zweifacher sein. Er kann in einer Verschiedenheit der Quantität bestehen und diese findet ihre Gränze in dem Unendlichkleinen und dem Unendlichgrossen.

Dieser Unterschied kann aber auch darin bestehen, dass die beiden Grössen entgegengesetzte Richtung haben, deren eine positiv, die andere negativ ist.

Der Vergleich zwischen zwei Zahlen, zwei Zeiträumen, zwei Wegstrecken, zwei Richtungsunterschieden, zwei Kräften, zeigt die Richtigkeit des Erwähnten. Die Masse macht in soferne eine Ausnahme, als sie negativ keinen Sinn hat.

Eine merkwürdige Sonderstellung in mehrfacher Beziehung fällt der Kategorie des Richtungsunterschiedes zu. Er kann sowohl positiv als negativ gedacht werden und auch ohne Ende fortschreiten, wie z. B. bei einem sich drehenden Körper, aber die Grösse des Richtungsunterschiedes ist dabei in ein bestimmtes Maass, die ganze Umdrehung, eingeschlossen und unterliegt desshalb einem periodischen Wechsel. Ferner kann ein bestimmter Richtungsunterschied (Winkel) unendlich verschiedene Stellungen haben; einem gleichen zweiten Winkel können unendlich viele Richtungsunterschiede im Vergleich zum ersten gegeben werden. Der Richtungsunterschied ist dreifach veränderlich und kann nach allen drei Richtungen positiv und negativ sein.

Alle diese Grössen stützen sich für sich allein auf keine Wirklichkeit; für sich allein existieren sie nur in unserem Kopfe. Jede einzelne dieser Grössen erhält nur durch die Verbindung mit den übrigen eine reale Grundlage.

Bei jedem noch so einfachen Vorgang in der Erscheinungswelt spielt jede der genannten Grössen in der verschiedensten Weise eine Rolle und so innig ist ihre gegenseitige Verbindung, dass die Aenderung einer einzigen an die Aenderung der meisten übrigen geknüpft ist. Aus dem kosmischen Anziehungsgesetz (siehe nächste Seite) folgt z. B., dass jede Lageveränderung einer Masse ihren Wiederhall im ganzen Weltgebäude findet und mit zahllosen Veränderungen von Richtungen, Wegstrecken, Massenverteilungen und Kräften verbunden ist.

Aus diesem Grunde können sich verschiedene Kräftekombinationen niemals vollkommen gleichen, obgleich die teilweise Aehnlichkeit sehr gross sein kann. Kein Tier, keine Pflanze, kein Blatt, kein Samenkorn, keine Zelle, kein Kristall ist ganz, wie der andere. Es gilt das Gleiche für die Kreisläufe der Erde oder des Mondes oder die Wellen des Wassers, des Schalls, des Lichtes etc.

Es drängt sich hier die Frage auf, ob die genannten Grundvorstellungen wirklich diesen Namen verdienen. Bei der Masse ist der Zweifel sehr naheliegend. Die Erscheinungen der Elektricität, des Lichtes, der strahlenden Wärme deuten auf die Möglichkeit, dass es Materie ohne Masse (man nennt sie kosmischen Aether) giebt. So fremd ist uns diese Vorstellung, dass man um eine Bezeichnung verlegen ist.

Nicht minder zweifelhaft ist der Grundbegriff Kraft. Gewöhnlich bezeichnet man damit die Ursache, welche die Bewegung der Massen verändert. Die elektrischen und chemischen Kräfte scheinen anderer Art zu sein. Es scheint also Massen sowohl als Kräfte von verschiedener Qualität zu geben, die sich vielleicht nicht unmittelbar mit einander vergleichen lassen. Man müsste demnach annehmen, dass die genannten beiden Grössen nicht zu den Grundbegriffen gehören, oder dass noch andere Grundbegriffe da sind.

Noch eine ganz neue Aufgabe bietet sich hier unserm forschenden Geiste. Messen können wir allerdings jede einzelne der genannten Kategorien, Zeit mit Zeit, Wegstrecke mit Wegstrecke u. s. w., in ein Zahlenverhältniss bringen, aber was sie ihrem Wesen nach sind, das ist eine andere Frage, ihr Realbegriff steht noch aus.

Die vorliegende Arbeit soll zeigen, dass mehrere der genannten Grundvorstellungen viel weiter gehende Erklärungen zulassen, als man bis jetzt angenommen hat. Bei dem Raum haben wir damit vorausgreifend schon den Anfang gemacht. Immer wird behauptet, dass diese Vorstellung keine weitere Zerlegung zulasse. Dem entgegen wurde erwähnt, dass sie in zwei anderen Vorstellungen aufgeht, der Wegstrecke und dem Richtungsunterschied. Wer die Richtigkeit dieser Ansicht bezweifelt, möge den Versuch machen, ein räumliches Verhältniss zu finden, wo das nicht zutrifft.

# I. Kapitel.

## A. Die kosmische Anziehung.

Die Kraft, auf welche sich die meisten Thatsachen der Erscheinungswelt zurückführen lassen, ist die kosmische Anziehung. Ihr gelten deshalb die folgenden Erörterungen.

Irgend ein einzelnes kleinstes Massenteilchen, wir nennen es ein Atom, zieht irgend ein anderes mit gewisser Kraft an. Diese Kraft verbindet beide für immer und auf unbegränzte Entfernung.

Eine solche Combination wollen wir ein Anziehungselement nennen.

Zu jedem einzelnen Anziehungselement gehören demnach folgende drei wesentliche Bestandteile: 1. zwei Massenteilchen; 2. eine Wegstrecke zwischen den beiden Massenteilchen; 3. eine anziehende Kraft, welche sie verbindet.

Stehen Körper einander gegenüber, so bildet jedes einzelne Atom des einen mit jedem einzelnen Atom des andern ein Anziehungselement und die Summe dieser Kräfte ist die Anziehung, welche diese beiden Körper verbindet.

Zu einer Kraft gehören unabänderlich zwei Körper, auf welche sie mit gleicher Intensität, aber in entgegengesetzter Richtung, wirkt. Die beiden entstehenden Bewegungen sind um so verschiedener, je grösser der Unterschied in den Massen der beiden Körper.

Sie kann, bei vergleichsweise sehr grosser Masse des einen, bei diesem so klein werden, dass man sie gar nicht mehr beobachten kann, wie z. B. die Gegenbewegung der Erde bei einem fallenden Stein; niemals verschwindet sie ganz.

Das Weltgebäude baut sich aus den Anziehungselementen auf, es sind seine kleinsten Bausteine.

Jedes Atom ist der Sammelpunkt für ebensoviel Anziehungselemente, als es Atome giebt; seine anziehenden Kräfte umspannen das Weltall.

Die Kräfte zwischen den Weltkörpern bestehen aus den Summen der Kräfte, welche die Atome verbinden.

Sie zahlenmässig zu vergleichen, ist unsere nächste Aufgabe.

Wenn zwei unregelmässige Körper einander gegenüberstehen, kann die Summirung der anziehenden Kräfte nur näherungsweise gelingen, weil diese Kräfte unregelmässig von einander verschieden, die einen stärker, die andern schwächer sind, je nach der Entfernung und dem Gewicht der Atome.

Einfacher ist die Aufgabe, wenn die Körper homogene oder aus homogenen Schalen bestehende Kugeln sind. In diesem Fall wirkt die Anziehung ebenso, als ob die ganze Masse bei jeder im Mittelpunkte vereinigt wäre. In der Folge soll das immer angenommen werden.

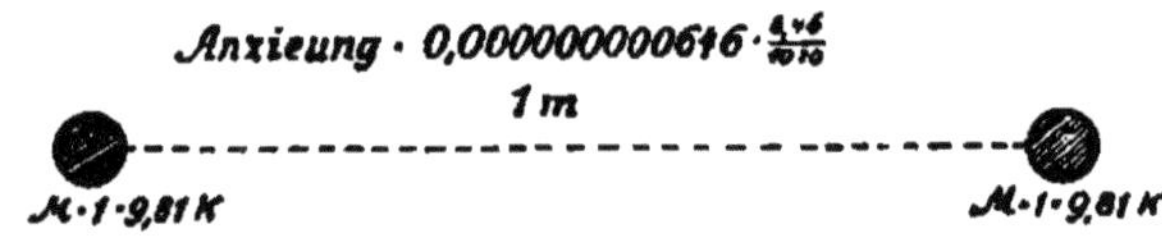


Fig. 1.

Zwei solche im Raume ruhende Kugeln (Fig. 1, M) sind gegeben. Der Abstand ihrer Mittelpunkte betrage 1 m; die Masse jeder einzelnen betrage 1, das heisst jede wiegt 9,81 kg.

Die Kraft, mit der die kosmische Anziehung diese beiden Kugeln verbindet, beträgt 0,000000000646 kg, das ist gleich $\dfrac{6{,}46}{10^{10}}$ kg.

Diese Zahl ist durch zahlreiche mühevolle Versuche festgestellt.

Seien $M_a$ und $M_b$ (Fig. 2) wieder zwei homogene oder aus homogenen Schalen bestehende körperliche, im freien Raume schwebende Kugeln, die also dem Anziehungsgesetz unterliegen: es verbindet sie demnach eine bestimmte anziehende Kraft.

Die Intensität derselben steht zu der oben genannten in folgender Proportion:

1. Sie ist um so grösser, je grösser die Masse von $M_a$. Beträgt diese z. B. 100 Millionen $= 10^8$ Masseneinheiten (die Kugel wiegt also 9,81 Millionen kg, da die Masseneinheit 9,81 kg beträgt), dann wird die Anziehung um ebenso viel mal grösser, beträgt also $\dfrac{6{,}46}{10^{10}} \cdot 10^8 = \dfrac{6{,}46}{10^2} = 0{,}0646$ kg.

2. Sie ist um so kleiner, je grösser die Entfernung von $M_a$ bis $M_b$.

Beträgt diese Entfernung z. B. 1000 m, so vermindert sich die eben genannte Zahl 0,0646 auf den tausendsten Teil und beträgt 0,0000646 kg.

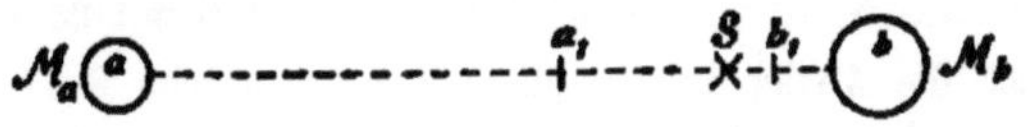

Fig. 2.

3. Sie ist um so grösser, je grösser die Masse von $M_b$.

Beträgt diese Masse auch 100 000 000 Einheiten, so vermehrt sich die Zahl 0,0000646 in demselben Verhältnisse und beträgt 6460,0 kg.

4. Sie ist um so kleiner, je grösser die Entfernung von $M_b$ bis $M_a$. Diese ist gleich der Entfernung von $M_a$ bis $M_b$, gleich 1000 m = a b.

Man erhält durch Teilung mit 1000:

$$6,46 = \text{der gesuchten Anziehung.}$$

Die Entfernung der beiden Kugeln kommt also zweimal als Faktor zur Geltung.

Zwei Bleikugeln von circa 120 m Radius in der genannten Entfernung würden die gestellten Bedingungen erfüllen.

Wenn die beiden Massen nicht gleich sind (wie in Fig. 2), so bleibt doch die Schlussfolge ungeändert.

Man erhält auf diese Weise folgendes Gesetz:

Die Anziehung zweier homogener Kugeln ist proportional dem Produkte ihrer Massen ($M_a \cdot M_b$) und verkehrt proportional dem Quadrate der Entfernung ihrer Mittelpunkte.

Das wird durch folgende Formel ausgedrückt:

2.
$$\varphi = \frac{6,46}{10^{10}} \cdot \frac{M_a}{x} \cdot \frac{M_b}{x}$$
$$= \frac{6,46}{10^{10}} \cdot \frac{M_a \cdot M_b}{x^2}$$

$\varphi$ die Anziehung, $M_a$ und $M_b$ die beiden Massen in Masseneinheiten, x die Entfernung der Mittelpunkte.

1. Es soll aus Formel 2 die Erdmasse ($M_b$) berechnet werden. Man denkt sich die Masse der Erde im Erdmittelpunkt vereint; sie wirkt in einer Entfernung (x) gleich dem Erdradius $= 6370287$ m auf die Masseneinheit ($M_a = 1$) mit der Kraft $\varphi = 9,81$ kg. Diese Werte in Formel 2 eingesetzt =

$$9,81 = \frac{6,46}{10^{10}} \quad \frac{1 \ M_b}{6370287^2}$$

daraus: $M_b =$ circa $6 \cdot 10^{23}$ Masseneinheiten, das ist 6 mit 23 Nullen.

2. Es soll die Anziehung berechnet werden, welche Erde und Jupiter verbindet, wenn ihre Entfernung z. B. $77 \cdot 10^{10}$ beträgt; Masse der Erde $= 6 \cdot 10^{23} = M_a$; Masse des Jupiters $= 18 \cdot 10^{25} = M_b \cdot$

$$\varphi = \frac{6,46 \cdot 6 \cdot 10^{23} \cdot 18 \cdot 10^{25}}{10^{10} \cdot (77 \cdot 10^{10})^2} = \text{circa } 10^{17} \text{ kg.}$$

Das Produkt der beiden Massen, $M_a \cdot M_b$, ist gleichbedeutend mit der Zahl der Anziehungselemente.

## Gesetz vom Beharrungsvermögen der Körper.

Es ist eine bekannte Thatsache, dass zahllose Körper frei im Raume sich bewegen, wie die Planeten, Meteore etc.

Der denkbar einfachste Fall von Ruhe oder Bewegung sei gegeben:

3. Stehen die Kräfte, welche auf einen Körper wirken, fortlaufend im Gleichgewicht, so verharrt er in dem Zustande, in welchem er sich befindet: ist er in Ruhe, so bleibt er in Ruhe; ist er in fortschreitender Bewegung, so ist diese gradlinig gleichförmig; ist er in Drehung, so setzt sich auch diese gleichförmig ohne Ende fort.

Nach diesem Gesetz ist es gleichgültig, ob viel oder wenig Kräfte auf einen Körper wirken, wenn sie im Gleichgewichte sind; sie ändern dann den Zustand des Körpers nicht. Das thut nur eine nicht im Gleichgewicht befindliche Kraft.

Das Gesetz wird in der Regel in folgender Form ausgesprochen: Wenn keine Kräfte auf einen Körper wirken, verharrt er in dem Zustande, in dem er sich befindet; ist er in Ruhe, bleibt er in Ruhe, ist er in Bewegung, so ist diese gradlinig gleichförmig.

In dieser einfachsten, scheinbar selbstverständlichen Form findet sich dieses Fundamentalgesetz bei den meisten Physikern von Gallilei bis auf den heutigen Tag (Maxwell, Herz). Wenn ich diese Form für principiell unrichtig erkläre, werden wohl viele Leser an meiner Zurechnungsfähigkeit zweifeln. Folgender Einwand wird aber jeden ebenso stutzig machen, wie einst mich selbst.

„Bewegung ist Veränderung der Kraft nach Intensität oder Richtung." (Ausführung später.)

Wird zugegeben, dass Bewegung und Kraftveränderung zwei gleichbedeutende Grössen sind, dann enthält oben genannter Satz einen unlösbaren Widerspruch in sich selbst.

Die wirkenden Kräfte können aber, trotz fortlaufender Veränderung im Einzelnen, fortlaufend im Gleichgewicht stehen. Das ist z. B. der Fall bei den kosmischen Anziehungskräften im Innern einer homogenen Hohlkugel.

Merkwürdig vorsichtig drückt sich Newton aus. Er sagt: Jeder Körper verharrt in seinem Zustande der Ruhe oder der gleichförmigen Bewegung in gradliniger Bahn, so lange er nicht durch einwirkende Kräfte gezwungen wird, diesen Zustand zu ändern.

Die ältere populäre Form hat er wohl aus dem erwähnten Grunde ebenfalls nicht angenommen.

## Der Ruhepunkt einer Bewegung.

Zwei gleiche oder ungleiche frei schwebende Massencentren bewegen sich ausschliesslich unter dem Einfluss einer sie verbindenden Kraft. In einer beliebigen gleichzeitigen Stellung verbindet man sie durch einen gewichtlosen Stab und bestimmt den gemeinsamen Schwerpunkt, Fig. 2, S. Bezeichnet $M_a$ und $M_b$ die Massen der beiden Körper, a b die Verbindungslinie und man teilt diese in verkehrtem Verhältnisse, wie diese Massen, so erhält man den gesuchten Punkt.

Bewegen sich zwei oder mehrere Körper nur unter dem Einfluss ihrer kosmischen Anziehung, so ist ihr Schwerpunkt der unveränderliche Ruhepunkt ihrer Bewegungen, von dem aus ihre Geschwindigkeiten und zurückgelegten Wegstrecken gemessen werden müssen.

Um annähernd den Schwerpunkt des Sonnensystems zu finden, teilt man die Entfernung Jupiter, Sonne, sie beträgt circa $77 \cdot 10^{10}$ m, in verkehrtem Verhältniss, wie die beiden Massen, das ist circa wie $1000 : 1$ und erhält den Abstand des gesuchten Ruhepunktes in circa $77 \cdot 10^7$ m Entfernung vom Sonnenmittelpunkt; er liegt ausserhalb ihres Umfangs, da ihr Radius $70 \cdot 10^7$ m beträgt.

Um diesen Ruhepunkt genau festzustellen, müssten auch noch die andern Planeten in Rücksicht genommen werden. Soll z. B. der Saturn mit in Rechnung kommen, so vereint man die Massen von Sonne und Jupiter in dem eben gefundenen Punkt und teilt, ebenso wie vorher, die Entfernung desselben vom Saturn in verkehrtem Verhältniss, wie die betroffenden Massen. Steht der Saturn auf gleicher Seite wie der Jupiter, so ist der Abstand des gemeinsamen Schwerpunktes vom Sonnenmittelpunkte grösser, als oben angegeben wurde, im entgegengesetzten Fall kleiner.

Die Sonne bewegt sich um den genauen Schwerpunkt des ganzen Systems in einer zwar eng begränzten, aber sehr verwickelten Bahn, in Folge der combinirten Gegenwirkung aller Planeten.

Wenn von der Bewegung einer Masse unter dem Einfluss einer Kraft gesprochen wird, ist immer als selbstverständlich vorausgesetzt, dass noch eine zweite Masse da ist, die durch dieselbe Kraft ebenfalls in Bewegung gesetzt wird und ihre Bewegung verändert. Wenn man aber diese letztere nicht wissen will, braucht man sich nicht weiter um den zweiten Körper zu kümmern. Die Geschwindigkeiten und zurückgelegten Wegstrecken muss man immer von einem relativen Ruhepunkte aus messen, der jedoch durchaus nicht in der Richtung der Bewegung zu liegen braucht. Die Kraft ist immer so anzusehen, als ob sie vom Schwerpunkt ausginge. Sehr oft ist auch die eine Masse vergleichsweise so gross, dass ihre Bewegung gar nicht in Betracht kommt, wie z. B. bei einem auf die Erde fallenden Stein.

Aus dieser Darstellung geht hervor, dass jede derartige Bewegung eine relative ist und immer zwei oder mehrere Körper umfasst.

Eine nicht relative Bewegung ist unbekannt, ebenso eine nicht relative Ruhe. Absolut ruhig könnte nur der Schwerpunkt des Weltalls sein.

## Die Geschwindigkeit

Ein Körper, z. B. ein Meteorit, bewege sich ungleichmässig in einer gekrümmten Bahn an der Erde vorbei. Jn einem bestimmten Augenblicke giebt man allen auf ihn wirkenden Kräften gleich starke Gegenkräfte, so dass sie nicht mehr wirken können, dann wird der Körper von diesem Punkte an sich ohne weitere Veränderung seiner Richtung gradlinig und gleichförmig weiter bewegen.

Die Wegstrecke, welche er dann in einer gewissen Zeit zurücklegt, dividirt durch die entsprechende Zeit, giebt die Wegstrecke, welche er in einer Secunde zurücklegt. Diese Grösse heisst seine Geschwindigkeit an genannter Stelle

$$4. \qquad v = \frac{x}{t}, \qquad v \text{ Geschwindigkeit, } x \text{ Wegstrecke, } t \text{ Zeit.}$$

Er legt z. B. 12000 m in 4 Secunden zurück, so ist seine Geschwindigkeit $\dfrac{12000}{4} = 3000 \text{ m} = v.$

Ganz die gleiche Bedeutung hat es, wenn z. B. gesagt wird, ein Eisenbahnzug hat an einer bestimmten Stelle 10 m Geschwindigkeit; er legt also dann in Folge seines Beharrungsvermögens allein in jeder Secunde diese Wegstrecke zurück.

Ist die Bewegung in Folge der Einwirkung von Kräften ungleichförmig, so erhält man in ganz ähnlicher Weise die Geschwindigkeit an einer bestimmten Stelle dadurch, dass man dort ein ganz kleines Wegstück (d x) durch das kleine Zeitteilchen (d t) dividirt, welches der Körper zum Durchlaufen braucht. Solche kleine Teile heissen Differenziale.

Bedeutet v die Geschwindigkeit, so ist

$$5. \qquad v = \frac{d\,x}{d\,t}$$

Wenn also ein Eisenbahnzug in $\frac{1}{100}$ Secunde $\frac{1}{10}$ m zurücklegt, ist seine Geschwindigkeit $v = \dfrac{\frac{1}{10}}{\frac{1}{100}} = 10$ m.

Je kleiner man die Grössen d x und d t nimmt, desto genauer das Resultat.

Damit ist jedoch augenscheinlich nur ausgesprochen, wie man eine Geschwindigkeit misst, aber keineswegs, was sie in einem bestimmten Falle eigentlich ist. Bei einem Körper, der sich z. B. mit 10 m Geschwindigkeit bewegt, hat sie eine ganz andere Bedeutung, als bei einer Welle, die sich ebenso rasch bewegt. Im zweiten Falle ist die Bewegung der Massentheilchen eine eng begrenzte, sie schwingen nur auf und ab.

Berechnet man die Geschwindigkeit in obiger Weise mit Zugrundelegung grösserer Wegstrecken und Zeitabschnitte, so wird das Resultat mehr oder weniger ungenau.

Wenn z. B. die Erde in ihrer Bahn an irgend einer Stelle in 1000 Sec. 30 000 000 m zurücklegt, so ist ihre Geschwindigkeit $= v = \dfrac{30\,000\,000}{1000} = 30\,000$ m mit einem kleinen Fehler, denn sie ist am Anfang und am Ende dieser Strecke nicht ganz gleich.

------

## 2. Kapitel.

# Die beiden Kategorieen der Bewegung fester Körper.

Jede Bewegung fester Körper, das heisst jede Ortsveränderung derselben, setzt zum wenigsten zwei Körper voraus.

Eine konstante Kraft verbinde zwei Massencentren.

Ihre einfachste und nächstliegende Bewegung ist ihre Annäherung oder Entfernung von einander in ihrer Verbindungslinie in Folge von Anziehung oder Abstossung.

Das ist Entfernungsveränderung ohne Richtungsveränderung, der einfachste mechanische Vorgang, den wir uns denken können.

Die zweite Grundform der Bewegung zweier Massenpunkte ist ihre Bewegung in Kreisbahnen um ihren gemeinsamen Schwerpunkt. (Fig. 4 Seite 29).

Das ist Richtungsveränderung ohne Entfernungsveränderung.

Die Gesetze dieser Kategorie der Bewegung folgen unmittelbar aus denen der erstgenannten und umschliessen selbstverständlich auch die einfache Drehbewegung einer Masse.

6. Grundsatz. Bewegen sich zwei Massen ausschliesslich unter dem Einfluss einer sie verbindenden Kraft, so sind ihre Richtungen immer entgegengesetzt parallel, ihre Geschwindigkeiten und zurückgelegten Wegstrecken verhalten sich verkehrt wie ihre Massen (Fig. 2, 4, 6, 7, 8, 9).

Ein sehr wichtiges Gesetz, da es auf alle Bewegungen Anwendung findet, die den genannten beiden Kategorieen zugehören.

## Erste Kategorie der Bewegung.

### Bewegung zweier Massen unter dem Einfluss einer sie verbindenden konstanten Kraft.

Den beiden im leeren Raume ruhenden körperlichen Kugeln $M_a$ und $M_b$ (Fig. 2) geben wir z. B. 1000 m Abstand und denken uns wieder ihre Massen in ihren Mittelpunkten vereinigt. Die früher erwähnte allgemeine kosmische Anziehung lassen wir jetzt ausser Acht, verbinden dafür die beiden Massenpunkte durch eine konstante, das heisst fortlaufend gleich starke, anziehende Kraft.

Beide Massen setzen sich in Bewegung und nähern sich einander mit zunehmender Geschwindigkeit.

Der ruhende Punkt für diese Bewegung, von dem aus sowohl die Geschwindigkeiten als die zurückgelegten Wegstrecken gemessen werden müssen, ist, wie erwähnt, der Schwerpunkt (S) der beiden Massen.

Die Masse $M_v$ lassen wir zunächst unbestimmt. Wir wissen, ihre Bewegung findet in derselben geraden Linie statt, wie die von $M_a$ und ist ihr gerade entgegengesetzt, wir kümmern uns aber nicht weiter darum, richten unsere Aufmerksamkeit nur auf $M_a$.

Die Masse dieser Kugel sei gleich 1, sie wiegt also 9,81 kg.

Die konstante Kraft, welche wir wirken lassen, betrage 1, das heisst, sie ist so gross, wie der Druck, den 1 kg an der Erdoberfläche auf seine Unterlage ausübt.

7. Die Kraft 1 erteilt der Masseneinheit (9,81 kg) in 1 Sec. 1 m Geschwindigkeit.

Zur Erleichterung der Rechnungen ist die Masseneinheit so gewählt, dass dieses Verhältniss gerade zutrifft.

Jede weitere Secunde Kraftwirkung vermehrt die Geschwindigkeit um 1 m, so dass der Körper in der zweiten Secunde 2 m, in der dritten 3 m Geschwindigkeit hat.

Wenn die beiden Kugeln bei Beginn der Beobachtung schon in Bewegung sind, kann man diese nur als eine vorausgehende Wirkung derselben Kraft annehmen, sonst hätte man ja die Bedingungen der Aufgabe geändert. Hat also z. B. $M_a$ bei Beginn der Beobachtung 100 m Geschwindigkeit, so muss ich annehmen, dass die Kraft schon 100 Secunden gewirkt hat. Die Bewegung setzt sich dann mit 1 m Zuwachs in jeder weiteren Secunde fort. Der Körper hat also dann 101 m, 102 m etc. in der 101, 102 Secunde u. s. w.

In dieser Darstellung ist das erste Gesetz der Kraftwirkung angedeutet.

8. Die Zunahme der Geschwindigkeit durch eine konstante Kraft ist der Zeit proportional.

Das zweite Gesetz der Kraftwirkung lautet:

9. Bei gleicher Dauer der Einwirkung einer konstanten Kraft ist die Zunahme der Geschwindigkeit ihrer Intensität proportional.

Je grösser die Kraft, desto grösser die entstehende Geschwindigkeit.

Beträgt also z. B. die Kraft, welche auf $M_a$ wirkt 4 (statt 1), so beträgt der Zuwachs an Geschwindigkeit in jeder Secunde 4 m, in 10 Secunden $10 \cdot 4 = 40$ m.

Wenn $M_a$ statt der Masse 1 z. B. die Masse 3 hat, das heisst $3 \cdot 9,81$ kg wiegt, so beträgt die Zunahme der Geschwindigkeit in all den erwähnten einzelnen Fällen nur $^1/_3$ der dort genannten. Die Kraft 1 erteilt dieser Masse in 1 Secunde nur $^1/_3$ m Geschwindigkeit, die Kraft 4 nur $^4/_3$ m u. s. w.

Wir erhalten auf diese Weise das dritte Gesetz der Kraftwirkung:

10. Bei gleicher Dauer der Einwirkung ist die Zunahme durch eine bestimmte konstante Kraft der Masse verkehrt proportional.

Mit andern Worten, je grösser die Masse, desto kleiner die erhaltene Geschwindigkeit. Wenn Masse und Kraft in gleichem Verhältniss stehen, wie bei der Schwere, also z. B. 4fache Masse 4fache Kraft, dann ist die erhaltene Geschwindigkeit gleich gross.

Diese drei Gesetze zusammengefasst:

11.

$$v_a = \frac{t \cdot \varphi}{M_a}$$

$v_a$ die Geschwindigkeit,
$t$ die Zeit,
$\varphi$ die konstante Kraft,
$M_a$ die Masse.

$t$ und $\varphi$ im Zähler bedeuten, dass die erhaltene Geschwindigheit (v) ihnen proportional, $M$ im Nenner bedeutet, dass sie dieser Grösse verkehrt proportional ist.

$$\text{z. B. } t = 10, \ \varphi = 3, \ M_a = 80$$

$$v_a = \frac{10 \cdot 3}{80} = \frac{3}{8}.$$

Obige Formel kann man auch schreiben:

$$M_a \cdot v_a = t \cdot \varphi.$$

Das Produkt $t \cdot \varphi$, das ist Zeit mal Kraft, wird meistens mit Antrieb (Impuls) bezeichnet. Wir wollen es Kraftdauer nennen.

Das Produkt $M \cdot v$, das ist Masse mal Geschwindigkeit, wollen wir Massegeschwindigkeit nennen.*)

---

*) Die Massegeschwindigkeit wird auch, mit Moment der Bewegung, auch mit Bewegungsgrösse, bezeichnet. Letztgenannter Ausdruck ist durchaus ungeeignet, weil er eine falsche Vorstellung in sich schliesst.

Man kann dann die erwähnten drei Gesetze in folgende einfachste Form zusammenfassen:

12. Die Kraftdauer ist numerisch gleich der Massegeschwindigkeit.

Ein Eisenbahnzug von 50 000 kg Totalgewicht erhält durch eine gleichmässig anziehende Locomotive von der Ruhe aus in 60 Secunden eine Geschwindigkeit von 10 m. Mit welcher Kraft zieht die Locomotive?

Die Masse dieses Zuges ist $\dfrac{50\,000}{9,81}$.

Setzen wir der Kürze halber 10 statt 9,81, also die Masse des Zuges gleich circa 5000.

Die Massegeschwindigkeit $M \cdot v$ gleich der Kraftdauer $\varphi \cdot t$ gesetzt:

$$5000 \cdot 10 = 60 \cdot \varphi,$$

$$\varphi = \frac{5000}{6} = 833,3 \text{ kg}.$$

Bei dieser Rechnung ist jedoch die Reibung vernachlässigt.

Ziehen wir jetzt auch die Masse $M_b$ mit in Betracht. Die Kraft wirkt fortlaufend gleich lang und gleich stark auf boide Körper; die Kraftdauer $(\varphi \cdot t)$ ist für beide gleich gross, auch dann, wenn $\varphi$ keine konstante, sondern z. B. eine mit der Annäherung zunehmende Kraft ist, wie die kosmische Anziehung. Die Geschwindigkeiten verhalten sich, wie erwähnt, fortlaufend wie verkehrt die Massen, also:

$$v_a : v_b = M_b : M_a \qquad v_a \text{ die Geschw. von } M_a,$$
$$v_a\, M_a = v_b\, M_b = \varphi \cdot t \qquad v_b \text{ die Geschw. von } M_b.$$

Die Masse der Erde z. B. ist circa 80 mal grösser als die des Mondes. Wenn beide von der Ruhe aus in Folge der kosmischen Anziehung auf einander stürzen, ist die Geschwindigkeit des letzteren fortlaufend 80 mal grösser, als die der entgegen kommenden Erde.

Wenn die Geschwindigkeiten fortlaufend in verkehrtem Verhältniss zu den beiden bewegten Massen stehen, so muss dasselbe Verhältniss für die zurückgelegten Wegstrecken gelten.

$$x_a : x_b = M_b : M_a,$$
$$x_a\, M_a = x_b\, M_b.$$

---

Warum sollen wir bei diesen neuen Bezeichnungen nicht einfach die beiden Faktoren in ein Wort vereinigen, wie es hier geschehen ist? Damit ist jede Unklarheit, jedes Missverständniss, beseitigt. Danken wir es unserer Sprache, dass sie solche Wortbildungen erlaubt, eine vortreffliche Eigenschaft.

Hat also in obigem Beispiel der Mond 8 000 000 kg zurückgelegt, so ist der korrespondirende Weg der Erde 80 mal kleiner, beträgt nur 100 000 km.

Es ergeben sich die folgenden zwei Gesetze:

13. Bei zwei durch eine Kraft verbundenen Massen sind fortlaufend die Massegeschwindigkeiten gleich.

$M_a\, v_a = M_b\, v_b$. Spezieller Fall von Regel 6.

Populär sagt man Wirkung und Gegenwirkung sind einander gleich. Der Satz ist jedoch nicht bloss unklar, sondern unrichtig; die beiden Wirkungen sind nicht gleich, wenn die Massen ungleich sind, wie sich bald zeigen wird.

Nennt man die Produkte $M_a\, x_a$ und $M_b\, x_b$, also Masse mal Wegstrecke, Massewegstrecken, so gilt folgende der obigen analoge Regel:

14. Bei zwei durch eine Kraft verbundenen Massen sind fortlaufend die Massewegstrecken einander gleich.

$M_a\, x_a = M_b\, x_b$. Spezieller Fall von Regel 6.

Einem Gewehr von 3000 gr Gewicht ($= M_b$) geben wir ein Geschoss von 10 gr ($= M_a$). Seine Anfangsgeschwindigkeit betrage 500 m ($= v_a$); bei der geladenen Waffe beträgt die Entfernung des Geschossbodens bis zur Mündung 100 cm ($= x_a$). Es soll die Rückstossgeschwindigkeit des Gewehres gefunden werden und die Wegstrecke, welche dasselbe sich zurückbewegt hat, wenn das Geschoss die Mündung verlässt. Die Kraft der Pulvergase wirkt abstossend mit gleicher Intensität auf Gewehr und Geschoss.

$M_a\, v_a = M_b\, v_b$; (Regel 13)

Massegeschw.      Massegeschw.

des $=$ der

Projektils.      Waffe.

$10 \cdot 500 = 3000 \cdot v_b$

$v_b = \tfrac{5}{3}$ m.

$M_a = 10$ gr, $M_b = 3000$ gr

$v_a = 500$ m, $v_b = ? =$ Rückstossgeschwindigkeit d. Waffe.

$M_a\, x_a = M_b\, x_b$; (Regel 14)

Massewegstrecke      Massewegstrecke

des $=$ des

Projektils      Gewehres.

$x_a = 1000$ cm, $x_b = ? =$ Rückbewegung des Gewehres.

$10 \cdot 1000 = 3000 \cdot x_b$

$x_b = 3.33$ cm.

Haben die beiden Massen bei Beginn der Beobachtung schon Geschwindigkeiten in ihrer Verbindungslinie im Sinne der Kraft, so können diese als vorausgegangene Wirkungen derselben angenommen werden.

Bei entgegengesetzter Richtung, wie die Kraft, werden sie durch die Kraftwirkung aufgezehrt, wozu diese gerade so viel Zeit braucht, als sie zu erzeugen.

Die Schwere ist das nächstliegende Beispiel. Sie wirkt auf die Masseneinheit mit der Kraft 9,81 kg. Die Masse 1 erhält also in jeder Secunde 9,81 m Geschwindigkeitszuwachs. Bei einem Stein, der mit $4 \cdot 9,81$ m Geschwindigkeit in die Luft geschleudert wird, vernichtet die Schwere diese Geschwindigkeit in 4 Sec. und nach weiteren 4 Secunden erreicht er wieder mit $4 \cdot 9,81$ m Geschwindigkeit die Erde.

Ist die Masse grösser oder kleiner, so bleibt doch in diesem Fall das Verhältniss zwischen Kraft und Masse unverändert: der 10 mal schwerere Körper hat auch 10 mal mehr Masse und, als Folge davon, fallen alle Körper im luftleeren Raume gleich rasch.

In all den erwähnten Beispielen ist bis jetzt die Frage nicht gestellt worden, wie gross die Wegstrecke ist, die dabei zurückgelegt wird, wie gross diese z. B. bei einem fallenden Körper in 4 Secunden, wie gross sie ist bei einem Bahnzug von 50 000 kg Totalgewicht, wenn er von der Ruhe aus 60 Sec. lang durch eine Kraft von 833,3 kg in Bewegung gesetzt wird etc.?

Dieses Problem wollen wir jetzt erörtern. Alle bis jetzt genannten Grundsätze waren Erfahrungsresultate: alle folgenden sind Schlussfolgerungen aus ersteren.

Wie früher seien zwei verschiedene Massenpunkte $M_a$ und $M_b$ gegeben, die sich in Ruhe z. B. in 1000 m Entfernung im freien Raume befinden. Wir verbinden sie durch eine konstante Kraft.

Auch hier lassen wir die Bewegung der Masse $M_b$ ausser Acht. Wie bekannt, ist ihre Bewegung der von $M_a$ gerade entgegengesetzt. Sowohl ihre Geschwindigkeit als die Wegstrecke, welche sie in jedem Augenblicke zurückgelegt hat, steht in verkehrtem Verhältniss zu ihrer Masse. Kennt man die Bewegung von $M_a$, so ist auch die von $M_b$ gegeben. (6)

Die Linie a c bedeute die Dauer der Einwirkung; die Ordinate $v_n$ bedeute die Geschwindigkeit von $M_n$ nach Ablauf der Zeit a d. d (t) sei ein ganz kleines Zeitteilchen an dieser Stelle, so ist $v_n \cdot$ d (t) die Wegstrecke, welche $M_n$ während dieses Zeitteilchens zurückgelegt und diese wird anschaulich dargestellt durch den schmalen Streifen von der Breite d (t) bei d. Teilt man das ganze Dreieck a c b in solche gleich breite Streifen, so stellt jeder einzelne die fragliche Wegstrecke im betreffenden Augenblick dar und ihre Summirung, das ist der Inhalt des Dreiecks a c b, giebt die ganze im Verlauf der Zeit a c zurückgelegte Wegstrecke. Bezeichnet man diese durch x, so ist

$$x = \frac{a c \cdot c b}{2}$$

a c $= t$ ist die verflossene Zeit

c b $= v$ die Endgeschwindigkeit

$$x = \frac{t v}{2}$$

x der zurückgelegte Weg.

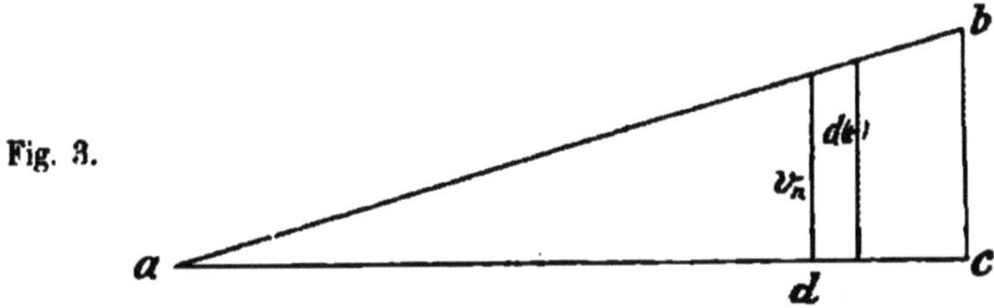



Wenn also z. B. ein Körper unter dem Einfluss einer 4 Secunden dauernden Kraft mit 10 m Geschwindigkeit ankommt, ist der zurückgelegte Weg $= x = \dfrac{4 \cdot 10}{2} = 20$ m.

Nach Regel 10 ist $v = \dfrac{\varphi\, t}{M}$. Diesen Wert in obige Gleichung eingesetzt:

15. 
$$x = \frac{\varphi\, t^2}{2\, M.}$$

Wenn also z. B. auf eine frei schwebende Masse $= 8$, eine konstante Kraft $= 20$, 4 Secunden lang wirkt, beträgt die zurückgelegte Wegstrecke:

$$x = \frac{20 \cdot 4^2}{2 \cdot 8} = 20 \text{ m.}$$

Nach obiger Formel ist $t = \dfrac{2 x}{v}$ und $t^2 = \dfrac{4 x^2}{v^2}$.

Diesen Wert in Regel 15 eingesetzt:

$$x = \frac{\varphi \cdot 4 x^2}{2\, M\, v^2} \quad \text{daraus:}$$

16. $$x \cdot \varphi = \frac{M}{2} v^2.$$

Die Erklärung dieser Formel ist unsere nächste Aufgabe.

Auf der linken Seite der obigen Gleichung steht die Grösse $x \cdot \varphi$, also das Produkt aus Kraft ($\varphi$) und Wegstrecke ($x$). Diese Grösse heisst Arbeit der Kraft, auch potentielle Energie, auch freie Kraft.

Der letztgenannte Ausdruck scheint mir der bestimmteste und einfachste zu sein und soll desshalb hier Anwendung finden.

Mit dieser Grösse hat es nun folgende Bewandtniss:

Die Erfahrung lehrt, dass die Anstrengung von Mensch und Tier, wenn es sich um Ueberwindung einer entgegenstehenden Kraft handelt, um so grösser ist, je grösser einerseits die zu überwindende Kraft und weiter, um so grösser, je länger die Wegstrecke ist, auf der sie überwunden werden muss.

Es kostet einen bestimmten Kraftverbrauch, 50 kg 1 m hoch zu heben. Es kostet doppelten Kraftverbrauch 100 kg ebenso hoch zu heben. Es kostet aber auch doppelten Kraftverbrauch 50 kg 2 m hoch zu heben.

Der Maassstab für den Kraftverbrauch ist demnach dieses Produkt, Kraft mal Wegstrecke, auf der die Kraft wirkt.

Die allgemein gebrauchte Bezeichnung Meter-Kilogramm (m kg) ist damit von selbst erklärt: 50 kg 2 m hoch zu heben, verbraucht $2 \cdot 50 = 100$ m kg; 100 kg 1 m hoch zu heben, verbraucht ebensoviel.

Nach dem Erwähnten gilt folgender Grundsatz:

17. Freie konstante Kräfte, deren numerischer Wert ($x \cdot \varphi$) gleich gross, sind gleichwertig.

Diese Gleichwertigkeit verschiedener freier Kräfte giebt sich zunächst dadurch kund, dass sie derselben frei schwebenden Masse die gleiche Geschwindigkeit mitteilen.

Auf die frei schwebende Masse 10 (98,1 kg) wirkt eine konstante Kraft $= 1000$ kg eine Wegstrecke von 5 m. Die freie Kraft beträgt also 5000 mk.

Auf dieselbe Masse wirkt eine konstante Kraft $= \frac{1}{10}$ kg eine Wegstrecke von 50 000 m. Die freie Kraft beträgt $\frac{1}{10} \cdot 50 000$, also ebenfalls 5000 mk.

In beiden Fällen erhält die Masse die gleiche Geschwindigkeit und diese beträgt nach Formel 15:

$$\varphi \cdot x = 5 \cdot 1000 = {}^1\!/_{10} \cdot 50\,000 = {}^1\!/_2\, M\, v^2 = \frac{10}{2}\, v^2$$

$$v = 31,6 \text{ m.}$$

Auf der rechten Seite der obigen Gleichung 16 steht die halbe Masse multiplicirt mit dem Quadrat ihrer Geschwindigkeit. Diese Grösse ist ebenso wichtig, wie die vorher erwähnte; sie heisst lebendige Kraft auch kinetische Energie, auch Wucht: wir wollen sie Quantität der Bewegung nennen, weil dieser Ausdruck das Wesen der Sache am bestimmtesten bezeichnet. Fremdwörter sind principiell zu verwerfen; sie erschweren das Verständniss *).

Obige Formel lässt sich in folgender Weise in Worten wiedergeben:

18. Der Zahlenwert einer konstanten, freien Kraft ist gleich dem Zahlenwert der Zu- oder Abnahme der Quantität der Bewegung, die sie erzeugt, oder vernichtet.

------

*) Kürzer wäre der Ausdruck Bewegungsgrösse, da aber, wie erwähnt, dieses Wort sehr oft in anderer Bedeutung Verwendung findet, musste davon Abstand genommen werden. Das Wort Wucht hat den Nachteil, dass es im Plural nicht gebräuchlich ist, auch scheint es mir nicht so deutlich wie der Ausdruck Quantität der Bewegung.

In den hier vorliegenden Beispielen ist in Rücksicht auf die Verständlichkeit meistens nur von Kräften mit vergleichsweise kurzer Wirkungsdauer die Rede. Für den praktischen Gebrauch haben diese keinen Wert. Mit einem Felsblock, der den Berg hinunter kugelt, kann niemand etwas anfangen. In der Technik braucht man meistens lang und gleichmässig wirkende Kräfte, die Stunden lang aushalten, also Wasserkräfte, Dampfmaschinen, Motoren. Da handelt es sich um eine bestimmte Kraftleistung in 1 Sec., die aber fortlaufend gefordert wird. 75 kg in jeder Sec. einen Meter hoch gehoben, heisst man eine Pferdekraft und spricht in diesem Sinne z. B. von 10 Pferdekräften bei einer Wasserkraft. Dazu wäre also nötig, dass 750 kg Wasser in jeder Secunde 1 m hoch herunterfallen; hier gilt nun der oben erwähnte Grundsatz, dass jede Wasserkraft technisch eben so viel Wert hat, als eine andere, bei der in jeder Secunde das Product aus Wasserquantität und Fallhöhe gleich gross ist; wenn also z. B. 250 kg Wasser jede Secunde 3 m hoch herabfallen, ist diese Wasserkraft eben so viel wert, als die vorher genannte, da 3 · 250 auch gleich 750. Die Regel ist selbstverständlich nur in gewissen Grenzen anwendbar, wie alle praktischen Vorschriften.

Bei Anwendung dieses Gesetzes erhält man immer nur Näherungswerte, denn genau genommen, giebt es keine konstante freie Kraft; jede ändert sich mit der zurückgelegten Wegstrecke. Diese Wegstrecke kann man aber in sehr viele gleiche, ganz kleine Teile zerlegen und annehmen, dass auf einer solchen Teilstrecke die Kraft konstant und obiges Gesetz anwendbar ist und dann lautet:

19. **Der Zahlenwert eines unendlich kleinen Stückes verbrauchter freier Kraft ist gleich dem Zahlenwert der Zu- oder Abnahme der Quantität der Bewegung, die sie erzeugt oder vernichtet.**

Durch Summirung (Integration) dieser kleinen Teile erhält man dann die ganze verbrauchte freie Kraft und ihre entsprechende Quantität der Bewegung.

Das obige Gesetz ist wohl das wichtigste und anwendungsreichste der ganzen Bewegungslehre; es ist wahrhaft weltbeherrschend.

Aus dem früher erwähnten Gesetz, dass die Kraftdauer gleich der Massengeschwindigkeit ist, konnte kein Schluss auf die zurückgelegte Wegstrecke gemacht werden: oder wenn die Kraft und die Wegstrecke gegeben war, auf welche sie wirkt, war auch kein Schluss auf die erhaltene Geschwindigkeit möglich. Beides gelingt durch Anwendung der Gesetze 15 oder 16.

Den folgenden Beispielen sind die schon früher erwähnten zu Grunde gelegt; sie fanden damals nur eine unvollständige Lösung. Vorausgesetzt sind immer frei schwebende Körper und eine konstante Kraft. Gesucht wird jetzt x, die zurückgelegte Wegstrecke.

Seite 14  $\qquad M = 1, \varphi = 1, t = 1\ v = ?\ x = ?$

Da $M \cdot v = \varphi \cdot t$, muss $v = 1$ sein wie erwähnt.

Jetzt haben wir weiter nach obiger Regel:

$$\varphi \cdot x = \frac{M}{2} v^2 \qquad\qquad x = \frac{\varphi \cdot t^2}{2\,M}$$

$$1 \cdot x = {}^1\!/_2\, 1^2 \qquad \text{oder} \qquad x = \frac{1 \cdot 1}{2\,M}$$

$$x = {}^1\!/_2\, m \qquad\qquad x = {}^1\!/_2\, m$$

Seite 15 $\qquad M = 1, \varphi = 4, t = 10\ x = ?$

Da $M \cdot v = \varphi \cdot t$ folgt $v = 40$

$$\text{Aus } \varphi x = \frac{M}{2} v^2 \text{ folgt:} \qquad x = \frac{\varphi}{2}\,\frac{t^2}{M}$$

$$4 \cdot x = {}^1\!/_2\, 40^2 \qquad \text{oder} \qquad x = \frac{4 \cdot 100}{2 \cdot 1}$$

$$x = \frac{800}{8} = 200 \qquad\qquad x = 200.$$

Seite 15 $\qquad$ $M = 3,\ \varphi = 4,\ t = 10,\ x = ?$

$$\text{Nach Regel 15: } x = \frac{4 \cdot 100}{2 \cdot 3}$$

$$x = 66{,}66.$$

Seite 15 $\qquad$ $M = 80,\ \varphi = 3,\ t = 10;\ \text{daraus } v = \dfrac{3}{8}$

$$3 \cdot x = \frac{80}{2} \left(\frac{3}{8}\right)^2$$

$$x = 1{,}87.$$

Seite 16 $\qquad$ $M = 50000,\ v = 10,\ t = 60$

$$\text{daraus } \varphi = 833{,}3 \text{ kg}$$

$$\varphi \cdot x = \frac{M}{2} v^2$$

$$833{,}3 \cdot x = \frac{50000}{2} \cdot 10^2$$

$$x = 300 \text{ m.}$$

Seite 18. Eine schwere Bleikugel braucht 4 Sec., um von einer bestimmten überhängenden Felswand herabzufallen; wie hoch ist diese?

Bei schweren dichten Körpern und geringer Geschwindigkeit begeht man keinen grossen Fehler, wenn man den Luftwiderstand ausser Acht lässt, wie es hier geschehen soll.

Die Kraft der Schwere ist der Masse proportional; auf die doppelte Masse trifft doppelte Anziehung; desshalb fallen, wie erwähnt, im luftleeren Raume alle Körper gleich rasch. Da ist es am einfachsten, die Masse gleich 1 zu setzen, so dass der Körper 9,81 kg wiegt; $9{,}81 = \varphi$.

Man hat also $9{,}81 \cdot 4 = 1 \cdot v$; daraus $v = 39{,}24$ wie oben.

Ferner: $\qquad \varphi \cdot x = \dfrac{M}{2} v^2 \qquad\qquad M = 1$

$$9{,}81 \cdot x = \tfrac{1}{2} \cdot 39{,}24^2 \qquad \varphi = 9{,}81$$

$$x = \text{circa } 77 \text{ m} \qquad v = 39{,}24$$

$$x = ?$$

Der wesentliche Unterschied zwischen Massegeschwindigkeit ($M \cdot v$, Formel 12) und Quantiät der Bewegung $\left(\dfrac{M}{2} v^2,\ \text{Formel 16}\right)$ muss besonders hervorgehoben werden.

Der Physiker sagt, diese beiden Grössen sind von verschiedener Dimension, das heisst, sie sind aus anders combinirten Grundbegriffen abgeleitet; sie sind in ihrem Fundament verschieden, ähnlich wie eine Linie und ein Körper. Die Massengeschwindigkeit enthält den Faktor Geschwindigkeit einmal ($M \cdot v$), die Quantität der Bewegung denselben Faktor zweimal ($\tfrac{1}{2} M v^2$); sie können zahlenmässig nie mit einander verglichen werden.

## Das Gesetz von Wirkung und Gegenwirkung.

Eine konstante Kraft ($p$) verbinde zwei Massen $M_a = 1$ und $M_b = 4$. Die Geschwindigkeit, welche $M_a$ erhalten hat, betrage 40 m: die von $M_b$ beträgt dann 10 m, da die Massegeschwindigkeiten einander gleich sein müssen: Gesetz 6 u. 10.

$$M_a \cdot v_a = M_b \cdot v_b$$
$$1 \cdot 40 = 4 \cdot 10$$

Dagegen ist die Quantität der Bewegung von $M_a$ gleich $^1/_2 \cdot 40^2 = 800$, die von $M_b$ gleich $\frac{4}{2} \cdot 10^2 = 200$, also die des schwereren Körpers 4 mal kleiner.

Die Quantitäten der Bewegung, welche zwei verschiedene Massen durch eine sie verbindende Kraft erhalten, stehen mit den Massen in verkehrter Proportion.

Daraus folgt, dass der populäre Satz, Wirkung und Gegenwirkung sind einander gleich, er stammt von Newton, nicht richtig ist. Der grosse Forscher hätte diesen Ausdruck gewiss nicht angewendet, wenn ihm das Wärmeäquivalent der freien Kraft bekannt gewesen wäre. Druck und Gegendruck sind einander gleich, aber nicht Wirkung und Gegenwirkung.

Das erstere wird in klarster Weise ausgesprochen, wenn man sagt „jede Kraft wirkt immer mit gleicher Intensität auf zwei Körper".

Dagegen verhalten sich Wirkung und Gegenwirkung wie die verbrauchten freien Kräfte, gleichbedeutend wie die entstandenen Quantitäten der Bewegung, also verkehrt wie die Massen.

Wenn die beiden Kugeln (Fig. 2) schliesslich central zusammenstossen und sie sind vollkommen elastisch, dann geht sowohl ihre Massengeschwindigkeit, als ihre Quantität der Bewegung in die entgegengesetzte Richtung über.

Sind sie gar nicht elastisch, dann vereinigen sie sich: ihre Massegeschwindigkeit heben sich auf; ihre Quantitäten der Bewegung gehen in andere Formen über, hauptsächlich in Wärme.

Die Quantität der entstehenden Wärme ist proportional der Summe der beiden Quantitäten der Bewegung. Die beiden Körper sind dabei in dem Verhältniss ihrer Quantitäten der Bewegung beteiligt. Der 4 mal leichtere Körper in obigem Beispiel mit seiner 4 mal grösseren Quantität der Bewegung hat damit auch ein 4 mal grösseres Wärmeäquivalent. Die Kraftdauer kommt dabei gar nicht in Frage. Das Thema kommt später ausführlicher zur Sprache.

In allen Fällen bleibt der gemeinsame Schwerpunkt der beiden Massen ruhend an seiner Stelle.

## Uebersicht.

Eine konstante freie Kraft $\varphi = 16$ verbindet die beiden Massen $M_a$ und $M_b$:

$$M_a = 1 \qquad \varphi = 16 \qquad M_b = 4.$$

Wir betrachten die beiden Massen in dem Augenblick, wo $M_a$ die Strecke $a\,a_1 = x_a = 50$ m, $M_b$ die Strecke $b\,b_1$ zurückgelegt hat.

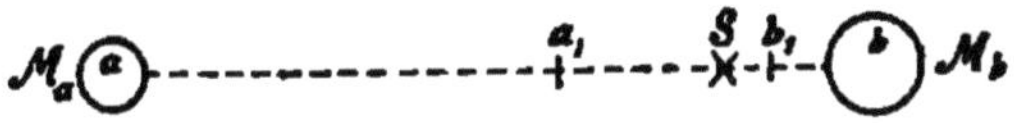

Fig. 2.

Die beiden ungleichen zurückgelegten Wegstrecken.

$$a\,a_1 = x_a = 50 \qquad b\,b_1 = x_b = \frac{50}{4} = 12^1/_2.$$

Die beiden ungleichen Geschwindigkeiten.

$$v_a = 40 \qquad v_b = \frac{v_a}{4} = 10.$$

Die beiden gleichen Massegeschwindigkeiten.

$$M_a \cdot v_a = 1 \cdot 40 = M_b \cdot v_b = 4 \cdot 10.$$

Jede der beiden Massegeschwindigkeiten gleich der Kraftdauer.

$$M_a \cdot v_a = M_b \, v_b = \varphi \cdot t = 40.$$

Die Dauer der Bewegung

$$t = \frac{40}{\varphi} = \frac{40}{16} = 2^1/_2 \text{ Sek.}$$

Die beiden ungleichen freien Kräfte und ihre ungleichen zugehörigen Quantitäten der Bewegung.

$$\varphi \cdot x_a = \frac{M_a}{2} v_a^2 \qquad \varphi \cdot x_b = \frac{M_b}{2} \cdot v_b^2$$

$$16 \cdot 50 = \tfrac{1}{2} \cdot 1 \cdot 40^2 = 800 \qquad 16 \cdot 12\tfrac{1}{2} = \frac{4}{2} \cdot 10^2 = 200.$$

Die Gesamtwirkung der freien Kraft ist:

$$\varphi \cdot x = \varphi (x_a + x_b) = 16 (50 + 12\tfrac{1}{2}) = 1000.$$

Sie ist gleich der Summe der beiden Quantitäten der Bewegung

$$= \frac{M_a}{2} \; v_a^2 + \frac{M_b}{2} \cdot v_b^2 = 800 + 200.$$

20. **Dieselbe Quantität freie Kraft ($\varphi \cdot x$) erzeugt immer die gleiche Quantität der Bewegung unabhängig nicht nur von der Masse, sondern auch davon, ob ihre Wirkung nur auf einen oder auf zwei Körper gerichtet ist.**

Im zweiten Fall verteilt sich die ganze freie Kraft ($\varphi \cdot x$) nach Regel 6 auf die beiden Körper im verkehrten Verhältniss zu ihren Massen, der 10 mal leichtere Körper z. B. erhält zehnmal mehr.

## Zusammenstellung der besprochenen Grössen.

1. Die Geschwindigkeit $= v = \dfrac{dx}{dt}$.

2. Die Massegeschwindigkeit (Moment der Bewegung, Bewegungsgrösse) $= M \cdot v$.

3. Die Massewegstrecke $= M \cdot x$.

4. Die Kraftdauer (Antrieb, Impuls) $= \varphi \cdot t$.

5. Die freie Kraft (Arbeit der Kraft, potentielle Energie) $= \varphi \cdot x$.

6. Die Quantität der Bewegung (lebendige Kraft, Wucht, kinetische Energie) $= \tfrac{1}{2} M v^2$.

Sämtliche Formeln sind Kombinationen aus den 4 Fundamentalvorstellungen Zeit $= t$, Wegstrecke $= x$, Masse $= M$ und Kraft $= \varphi$.

Die 4 Einheiten, mit welchen diese gemessen werden müssen, sind, wie erwähnt, die Secunde, der Meter, 9,81 Kilo für die Masse, und bei der Kraft die Anziehung, welche auf 1 Kilo an der Erdoberfläche wirkt, das ist also dieses Gewicht.

Aus diesen Einheiten ergeben sich die Einheiten der 5 oben genannten Grössen.

Die Formel giebt eine Zahlengrösse, die das Verhältniss der fraglichen Grösse zur entsprechenden Einheit feststellt.

Man hat z. B. eine Quantität der Bewegung, bei welcher $M = 10$, $v = 5$; sie beträgt demnach $\frac{M}{2} \cdot 5^2 = 125$, ist also 125 mal grösser als die Einheit der Quantität der Bewegung, die man erhält, wenn $M = 2$ $v = 1$, denn dann ist $\frac{M}{2} v^2 = 1$.

Wir können demnach die 5 oben genannten Grössen messen, das heisst, eine bestimmte derartige Grösse mit einer anderen gleichartigen zahlenmässig vergleichen, eine Geschwindigkeit aber nur mit einer anderen Geschwindigkeit, eine Kraftdauer nur mit einer anderen Kraftdauer etc.

Was aber die Realbegriffe der obigen 5 Grössen sind, darauf giebt die Formel keine Antwort, das sind neue Aufgaben.

Die gleiche Bemerkung wurde schon bei den Fundamental-vorstellungen hervorgehoben. Ausführung später.

Wenn eine Kraft zwischen zwei Massencentren die Entfernung derselben verändert, wie es hier gefordert wird, kann sie, genau genommen, niemals konstant sein; der Beginn der Bewegung ist das Signal für ihre Veränderung: die abnehmende Entfernung vergrössert ihre Intensität: umgekehrt die zunehmende Entfernung. Sehr oft aber ist die Kraft nahezu konstant, wie z. B. bei einem aus geringer Höhe herabfallenden Stein, so dass man mit Hülfe der betreffenden Gesetze wenigstens näherungsweise derartige einfache Bewegungen überblicken kann. Darauf gründet sich die hervorragende praktische und theoretische Bedeutung der erwähnten Gesetze.

Obgleich das Thema der konstanten Kraft schon tausend-mal in den Lehrbüchern der Physik und Mechanik eine Stelle gefunden hat, habe ich ihm doch aus wichtigen Gründen einen breiten Raum eingeräumt. Vor allem kenne ich keine Dar-stellung, die den Ansprüchen an Einfachheit Genüge leistet.

Weiter ist folgendes zu beachten. Die Erscheinungswelt besteht aus ununterbrochen fortlaufenden Vorgängen. Der denkbar einfachste ist die Wirkung einer konstanten freien Kraft. Nur die 4 Fundamentalvorstellungen Zeit, Wegstrecke, Masse und Kraft spielen dabei eine Rolle (die Richtungsveränderung kommt nicht in Betracht). Wir sind vollkommen über die Rollen aufgeklärt, welche den erwähnten Grössen dabei zufallen, und es ruhen auf dieser Kenntniss die sichersten Schlüsse in der Erscheinungswelt; ohne diese Kenntniss sind sie für jeden unmöglich; diese ist doch das wichtigste und ausgedehnteste Arbeitsfeld für die Menschen; unsere ganze technische Entwicklung ruht auf dieser Basis.

Noch vor 400 Jahren waren die meisten der erwähnten Gesetze nur einigen Wenigen bekannt. Sehr zweifelhaft, ob jetzt von 1000 Menschen mehr als einer diesen einfachsten materiellen Vorgang versteht.

Man kann daraus einen Schluss ziehen, was von den viel ferner liegenden metaphysischen Vorstellungen der Menschen zu erwarten ist.

## Zweite Kategorie der Bewegung.

### Drehbewegung, Zentralbewegung.

Hier ist zunächst nur von dem einfachstem Fall von Kreisbahnen die Rede.

Bei der ersten Kategorie der Bewegungen waren zwei Massen und eine sie verbindende freie, also sich verändernde Kraft beteiligt.

Bei der zweiten Kategorie handelt es sich wieder um die Bewegung zweier Massen, verbunden durch eine Kraft, aber die Intensität der letzteren bleibt hier unverändert, ebenso der Abstand der Massen, nur die Richtung ändert sich bei beiden.

Die Bewegung ist eine unveränderlich gleichmässig fortschreitende Richtungsveränderung zweier Quantitäten der Bewegung, der einfachste Fall einer periodischen Bewegung. Fig. 4.

Der ruhende Punkt ist ebenso wie früher der gemeinsame Schwerpunkt. Fig. 4 (S).

Sind die Massen gleich gross, so ist die Mitte ihres Abstandes Schwerpunkt. Fig. 4 (C).

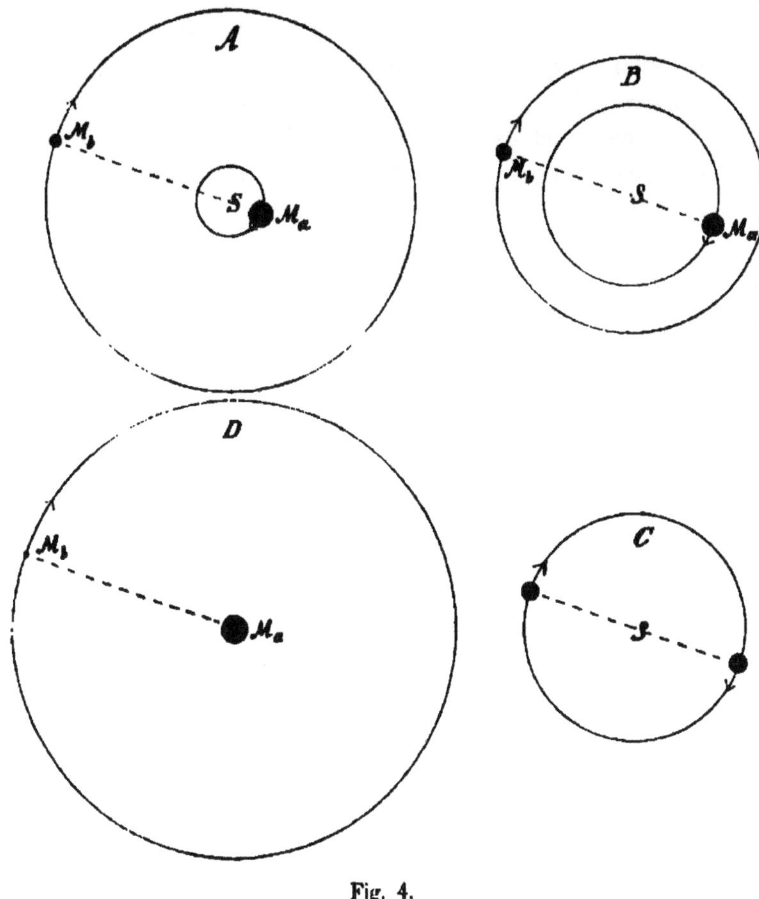

Fig. 4.

Ist die eine Masse im Vergleich zur anderen sehr gross, so liegt der gemeinsame Schwerpunkt, um den sie sich drehen, ganz nahe am Mittelpunkt der grösseren (D).

Es kann jedoch jedes beliebige Verhältniss zur Geltung kommen (A, B).

Denken wir uns zunächst die beiden Körper durch eine starre Verbindung in unveränderter Entfernung festgehalten und um den Schwerpunkt (S) sich drehend.

An dieser Verbindung zerrt fortlaufend, während der gleichmässigen Drehung, eine konstante Kraft, die Fliehkraft. Die Bewegung wird ungeändert bleiben, wenn die starre Verbindung durch eine Kraft ersetzt wird, gerade so stark, wie die Fliehkraft, aber von entgegengesetzter Richtung.

Letztere ist:

1. Proportional der Quantität der Bewegung des Körpers.

2. Verkehrt proportional dem halben Radius der Bahn.

In einer Formel:

21. 
$$\varphi = \frac{2}{r} \frac{M}{2} v^2 = \frac{M}{r} v^2.$$

Fig. 4, B stelle z. B. die Doppelkreisbahn eines Doppelsternes dar, wo sich die beiden Zentrifugalkräfte im Schwerpunkt S die Waage halten. Die Entfernung $S M_a$ bezeichnen wir mit $r_a$, $S M_b$ mit $r_b$.

$r_a + r_b$ ist die Entfernung der beiden Körper, gleich dem x in der Formel 2 Seite 7.

Folgende Gleichung ist die erwähnte Bedingung der Kreisbahn bei kosmischen Bewegungen:

$$\text{Kosmische Anziehung} = \frac{\text{Fliehkraft}}{\text{von } M_b} = \frac{\text{Fliehkraft}}{\text{von } M_a}$$

22. 
$$\frac{6,46}{10^{10}} \frac{M_a \cdot M_b}{(r_a + r_b)^2} = \frac{M_b \cdot v_b^2}{r_b} = \frac{M_a \cdot v_a^2}{r_a}.$$

Nach Regel 12 und 13 gilt folgende Proportion:

$$r_a : r_b = v_a : v_b = M_b : M_a.$$

Daraus:
$$\frac{r_a}{M_b} = \frac{r_a + r_b}{M_a + M_b}$$

Bedeutet T die Umlaufszeit in Sec., so ist

23. $v_b = \dfrac{\text{Bahnlänge von } M_b}{T} = \dfrac{2 \pi \cdot r_b}{T}$; analog $v_a = \dfrac{2 \pi \cdot r_a}{T}$.

Die Combination dieser Gleichungen ergiebt:

24. 
$$T^2 = \frac{4 \pi^2 \cdot 10^{10}}{6,46} \frac{(r_a + r_b)^3}{(M_a + M_b)}.$$

Ein Durchmesser, durch den Schwerpunkt gehend, bezeichnet an den Bahndurchschnitten die gleichzeitige Stellung der beiden Massen. Fig. 4, $M_a M_b$.

Da die Bewegung eine gleichförmige ist, beschreibt jeder einzelne Radius ($S M_a$ oder $S M_b$) in gleichen Zeiten gleiche Flächenräume.

Anmerkung. Die Beweise der Gesetze 21 und 33 können in allen Lehrbüchern der Mechanik und Physik nachgeschlagen werden, wesshalb sie hier nicht aufgenommen sind. Bündig und gut finden sie sich z. B. in Lommels Experimental-Physik.

Folgende schon früher erwähnte Beziehungen behalten ihre Gültigkeit auch bei dieser Kategorie der Bewegungen.

25. Die Massegeschwindigkeiten und Massewegstrecken der beiden Körper sind einander gleich. (Regel 6.)

26. Die Geschwindigkeiten der beiden Körper, ihre gleichzeitig zurückgelegten Wegstrecken, also auch die Bahnlängen, die beiden Quantitäten der Bewegung verhalten sich wie verkehrt die beiden Massen.

Ebenso gilt die Regel, dass die beiden Bewegungsrichtungen entgegengesetzt parallel laufen (Regel 6).

Die Combination Fig. 4, A möge Sonne und Jupiter darstellen. Erstere hat etwa 1000 mal mehr Masse, als dieser weitaus grösste Planet. Ihre gemeinsame Masse beträgt also 1001. Teilt man die Wegstrecke $M_a M_b$ in 1001 Teile, so liegt der gemeinsame Schwerpunkt S im ersten Teilpunkt von der Sonne aus gerechnet. Dieser Punkt liegt, wie erwähnt, ausserhalb der Sonnenoberfläche in etwa doppelt so grosser Entfernung vom Sonnenmittelpunkt, als die des Mondes von der Erde.

Um diesen Punkt beschreiben die beiden Körper ihre Bahnen, die sie gleichzeitig in ca. 12 Jahren vollenden und wobei sie sich fortlaufend in entgegengesetzter Richtung bewegen, der Jupiter mit einer Geschwindigkeit von etwa 15 km, die Sonne mit einer 1000 mal kleineren, also mit 15 m Geschwindigkeit.

Die Bewegung kommt nicht rein zum Ausdruck, weil die andern Planeten einen entsprechenden, wenn auch wegen ihrer geringeren Masse, viel schwächeren Einfluss üben.

Zwischen Erde und Mond besteht ein ähnliches Verhältnis. Auch hier liegt der Mittelpunkt für die beiden Kreisbewegungen von einmonatlicher Umlaufszeit ausserhalb des Erdumfangs.

Bei den drei Zusammenstellungen A, B, C, D, Fig. 4, sei vor allem die Bedingung der Kreisbahn erfüllt, also die Anziehung gleich der Fliehkraft.

Ferner sei der Abstand der beiden Komponenten bei allen drei Paaren gleich.

Ferner sei die Gesammtmasse der beiden Komponenten bei allen drei Paaren gleich.

Dann sind bei allen drei Paaren gleich:

27. { 1. Die Summen der beiden Bahnlängen.
2. Die Summen der beiden Geschwindigkeiten.
3. Die Umlaufzeiten.

Eine derartige Zusammenstellung soll als eine gleichartige Gruppe von Komponenten bezeichnet werden. Fig. 4 und 9.

Die Doppelbahn Sonne—Jupiter mag wieder als Beispiel dienen. Die Summe ihrer Geschwindigkeiten beträgt, wie oben erwähnt, 15015 km. Wir geben jedem von zwei neuen Weltkörpern die Hälfte der Gesammtmasse von Jupiter und Sonne, dann gleichen Abstand, wie diese beiden Körper und Kreisbahnen. Die Summe ihrer gleichen Geschwindigkeiten beträgt dann ebenfalls 15015, und ihre Umlaufzeit 12 Jahre. Fig. 4 A und C.

Die obigen Regeln auf einen Meteoriten angewendet, dessen Masse, im Vergleich zur Masse von Sonne und Jupiter zusammen, verschwindend klein ist, findet man seine Geschwindigkeit = 15015. Fig. 4 D.

Unter denselben Bedingungen, die Gesammtmasse wie 1:2 auf zwei Weltkörper verteilt, erhält der schwerere $\frac{15015}{3}$ m, der leichtere $2 \cdot \frac{15015}{3}$ m Geschwindigkeit. Der Radius der ersten Kreisbahn beträgt $^1/_3$, der Radius der zweiten $^2/_3$ der Entfernung des Jupiters von der Sonne (771000000 km).

Die Regeln 25, 26 und 27 bestimmen alle Kreisbahnbestandteile von gleichartigen Komponentenpaaren.

Greifen wir aus einer solchen Gruppe ein einzelnes Beispiel, wie die Komponenten Sonne, Jupiter heraus, so kann man bei diesem Paar, ausser der erwähnten verschiedenen Verteilung der Gesammtmasse, noch zwei weitere Veränderungen eintreten lassen.

2. Es kann ihre Gesammtmasse verändert werden.

3. Es kann ihr Abstand verändert werden.

Bei beiden Veränderungen ist wieder vorausgesetzt, dass die Bedingung der Kreisbahn erfüllt bleibt, Anziehung gleich Fliehkraft.

### Ad 2. Veränderung der Gesammtmasse.

28. In einem bestimmten Augenblick werden die Massen der beiden Komponenten $M_a$ und $M_b$, Fig. 4 A in dem Verhältniss $a:b$ und ihre Geschwindigkeiten wie $\sqrt{a}:\sqrt{b}$ verändert, dann laufen die neuen Komponenten in derselben Kreisbahn, und die Umlaufzeiten verhalten sich verkehrt wie die Geschwindigkeiten.

Anschliessend an das Beispiel Sonne, Jupiter vermehren wir in einem bestimmten Augenblick die Masse der beiden Körper auf das Vierfache, ihre Geschwindigkeiten auf das Doppelte, so laufen sie in unveränderten Bahnen weiter, und ihre Umlaufzeit beträgt die Hälfte, statt 12, 6 Jahre.

### Ad 3. Veränderung des Abstandes.

29. In einer Kombination zweier Komponenten mit Kreisbahnen Fig. 4 A wird in einem bestimmten Augenblicke (bei unveränderten Bewegungsrichtungen) die Entfernung in dem Verhältniss wie $a:b$, und die Geschwindigkeiten der beiden Körper verkehrt wie die Wurzeln aus diesem Verhältniss, also wie $\sqrt{b} : \sqrt{a}$, verändert, dann sind die weiteren Bahnen der beiden Körper wieder Kreise, und die Umlaufzeiten verhalten sich wie die Wurzeln aus den dritten Potenzen der beiden verschiedenen Entfernungen.

Giebt man z. B. dem Jupiter Kreisbahn in Saturnweite von der Sonne, so erhält man seine neue Umlaufszeit ($T_x$) durch folgende Proportion: 11,8 Jahre : $T_x = \sqrt{771^3} : \sqrt{1410^3}$; $T_x = 29,2$ Jahre. Das muss annähernd die Umlaufdauer des Saturn sein. Letztere beträgt 29,5.

Die beiden letztgenannten Gesetze folgen unmittelbar aus Formel 24. Sie sind annähernd richtig auf empirischem Wege schon durch Kepler entdeckt worden.

Die erwähnten höchst einfachen Gesetze umfassen alle in dieses Gebiet gehörigen Aufgaben. Ihre übersichtliche Form ruht darauf, dass die Gesammtmasse der beiden Körper als Ausgangspunkt gewählt ist, der einfachste Weg bei dieser Untersuchung.

---

## III. Kapitel.

## Elliptische Bahnen zweier kosmischer Körper.

Die Annahme von Kreisbahnen kann auf jeden Fall nur annähernd zutreffen. Anziehung und Fliehkraft werden sich nie genau die Waage halten, immer findet sich ein Ueberschuss nach der einen oder anderen Seite und die Bewegung entlehnt desshalb ihre Eigentümlichkeiten beiden Kategorieen, wie sich gleich. zeigen wird.

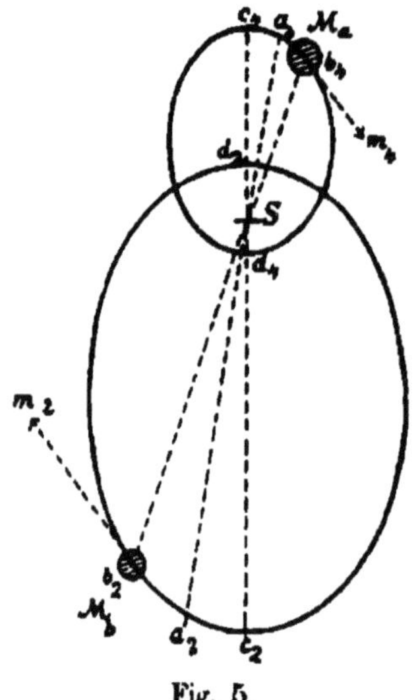

Fig. 5.

Für die gegenseitige Bewegung der beiden Körper ist wieder der gemeinsame Schwerpunkt (S, Fig. 5) ruhend.

30. In jedem Augenblick sind die Bewegungsrichtungen der beiden Körper entgegengesetzt parallel (6).

31. Die Bahnen derselben sind ähnlich und verhalten sich in allen Teilen wie verkehrt die Massen (6).

32. Die gleichzeitigen Massegeschwindigkeiten und Massewegstrecken der beiden Körper sind einander gleich. $M_a v_a = M_b v_b$ $M_a x_a = M_b x_b$. (Specieller Fall von Regel 6.)

33. Die gleichzeitigen Quantitäten der Bewegung, Geschwindigkeiten und zurückgelegten Wegstrecken verhalten sich wie verkehrt die beiden Massen.

Es wiederholen sich hier die Gesetze, welche auch bei jeder der beiden Kategorieen der Bewegung gelten.

Fig. 5 giebt die Bahnen der beiden Massen; es sind bekanntlich Ellipsen, die einen Brennpunkt (S) gemein haben, der zugleich fortlaufend der Schwerpunkt der beiden Körper und der Ruhepunkt der Bewegung ist.

Jede durch den Punkt S gelegte Gerade schneidet jede der beiden Ellipsen an zwei Stellen. Die beiden inneren Durchschnitte z. B. $d_2 d_4$ bezeichnen eine gleichzeitige Stellung, ebenso die beiden äusseren, $c_2 c_4$, $b_2 b_4$ etc.

Für alle diese gleichzeitigen Stellungen gelten obige Regeln.

Die Masse von $M_a$ z. B. dreimal so gross angenommen, als die von $M_b$, ist die Geschwindigkeit des leichteren, also von $M_b$, fortlaufend 3 mal grösser als die von $M_a$, ebenso die Quantität der Bewegung und die zurückgelegte Wegstrecke.

34. Die Flächenräume, welche jeder einzelne Arm eines solchen Durchmessers, jeder Leitstrahl (Radius vector) in gleicher Zeit beschreibt, sind immer gleich gross. (Erstes Keplersches Gesetz.)

Wenn also z. B. $M_b$ in 10 Tagen von $c_2$ nach $a_2$ und dann in der gleichen Zeit von $a_2$ nach $b_2$ geht, ist die Fläche $S c_2 a_2$ gleich der Fläche $S a_2 b_2$.

Das Gesetz ist ein besonderer Fall des sogenannten Flächensatzes, der lautet:

Bei jeder Centralbewegung beschreibt der Leitstrahl in gleichen Zeiten gleiche Flächenräume.

Das gilt also auch bei einer Anziehung, die nach einem anderen Gesetze wirkt, z. B. mit der Entfernung in einfachem verkehrten Verhältnisse steht.

Angenommen für unseren Fall, die beiden Massen wären gezwungen, sich in ihren beiden ähnlichen elliptischen Bahnen (Fig. 5) zu bewegen. Lassen wir zunächst die Anziehung ganz ausser Acht, geben jeder nur die Quantität der Bewegung, die sie jetzt in der grössten Entfernung ($M_a$ bei $c_4$, $M_b$ bei $c_2$) hat, also jeder nur ihre Kreisbewegung, so werden sich beide mit fortlaufend unveränderter Geschwindigkeit bewegen und auch immer wiederkehrend gleichzeitig am Scheitelpunkt ankommen.

Jetzt lassen wir umgekehrt unter der gleichen Vorbedingung, dass die Bahn eingehalten wird, die Kreisbewegung ausser Acht, nur die Anziehung wirken und die Bewegungen von der Ruhe aus wieder an den beiden Scheitelpunkten ($M_a$ bei $c_4$, $M_b$ bei $c_2$) beginnen, so werden beide Massen mit steigender Geschwindigkeit die Hälfte ihrer Bahn ($M_a$ bis $d_4$, $M_b$ bis $d_2$) durchlaufen und an dieser Stelle die gleiche Quantität der Bewegung haben, als hätten sie sich in gerader Linie einander ebensoviel, bis $d_4 d_2$, genähert. Für alle correspondirenden Punkte z. B. $b_4 b_2$, $a_4 a_2$, $c_4 c_2$ gilt die letztgenannte Regel und an den zusammengehörigen kommen die beiden Massen gleichzeitig an.

Die wirkliche Bewegung ist die Kombination dieser beiden; die Quantität der Bewegung an jeder Stelle ist die Summe der beiden oben genannten Quantitäten. Die erste bleibt unverändert, gleich gross an allen Punkten: die zweite ist periodisch, hat ihr Minimum $= 0$ in der Maximalentfernung ($c_4 c_2$), ihr Maximum bei der kleinsten Entfernung ($d_4 d_2$).

Unsere Planeten haben den erwähnten ersten unveränderlichen Teil ihrer Quantität der Bewegung in ihrer Sonnenferne. Wie viel in einer weniger entfernten Stellung, z. B. in der Sonnennähe, dazukommt, kann durch das weiter unten folgende Gesetz festgestellt werden.

Wenn nicht andere Kräfte dazutreten, ist die Bewegung ewig unveränderlich wiederkehrend, sie ist periodisch: die Körper kehren immer wieder in die gleiche Stellung mit gleicher Richtung und Geschwindigkeit zurück. Nur dann kehren sie nicht zurück, wenn ihre Entfernung von einander unendlich gross wird. Ihre Bahnen sind dann Ellipsen, deren zweiter Brennpunkt in der Unendlichkeit liegt, gleichbedeutend, es sind Parabeln. Aehnliche Bahnen findet man häufig bei den Kometen. Diese kommen aus sehr grossen Entfernungen und kehren dahin zurück.

Eine sehr wichtige Beziehung in den Bewegungen zweier Massencentren ist die folgende:

Zwei gleiche homogene Kugeln, aus sehr grosser gegenseitiger Entfernung kommend, nähern sich einander mit steigender Geschwindigkeit in Folge der kosmischen Anziehung.

Es soll ein Gesetz ausgesprochen werden, wie gross die Quantität der Bewegung der beiden Massen zusammen an einer bestimmten Stelle ist, z. B. in der Entfernung $a_1 a_2$ Fig. 6.

Die Wegstrecke $a_1 a_2$ bezeichnen wir mit $x_1$, die Anziehung mit $\varphi$.

An genannter Stelle beträgt die Anziehung nach Formel 2:

$$\varphi = \frac{6{,}46 \cdot M_a \cdot M_b}{10^{10}\, x_1^2}$$

35. Diese Kraft konstant auf der Wegstrecke $x_1$ wirkend, also $\varphi \cdot x_1$ ist nummerisch, gleich der Quantität der Bewegung der beiden Körper, das ist $= \frac{1}{2} M_a v_a^2 + \frac{1}{2} M_b v_b^2$.

Diese allgemein bekannte wichtige Regel wenden wir auf das Beispiel Seite 7 an. Die Anziehung zweier Kugeln von je 100 000 000 Masseneinheiten wurde dort zu 6,46 kg bei 1000 m Entfernung bestimmt. Betrage $a_1 a_2$ das doppelte, also $x_1 = 2000$ m, so ist die Anziehung an dieser Stelle nach dem Anziehungsgesetz $\frac{1}{4}$ der obigen, also $\frac{1}{4} \cdot 6{,}46 = 1{,}615$.

Kommen beide aus der Unendlichkeit, so ist nach der erwähnten Regel die Quantität der Bewegung beider Kugeln zusammen an dieser Stelle:

$$\varphi x_1 = 1{,}615 \cdot 2000 = 3230 \ \text{(Fig. 6)}.$$

Die Bewegungsgrösse jeder Einzelnen beläuft sich demnach auf $\dfrac{3230}{2} = 1615 = \frac{1}{2} M v^2 = \frac{1}{2}\, 100\,000\,000 \quad v^2$, woraus die Geschwindigkeit $v = 0{,}00568$ m.

Eine vergleichsweise kleine Störung mag Ursache sein, dass sie nicht zusammenstossen, sondern an einander vorbeigehen, wobei der kleinste Abstand $d_1 d_2 = 1000$ m gross sein soll.

In dieser Entfernung ist dann $\varphi$ nach Seite 7 $= 6{,}46$ und die Summe der Quantitäten der Bewegung der beiden aus sehr grosser Entfernung kommenden Körper nach Regel 35 $\varphi \cdot x = 6{,}46 \cdot 1000 = 6460$, doppelt so gross, wie in der doppelten Entfernung a₁ a₂. Die Geschwindigkeit jeder der beiden Kugeln bei d₁ und d₂ beträgt, wie leicht nachzurechnen, 0,00804 und ist an dieser Stelle am grössten; hier ist die Umkehr der Bewegung; die Geschwindigkeit nimmt von da an fortlaufend

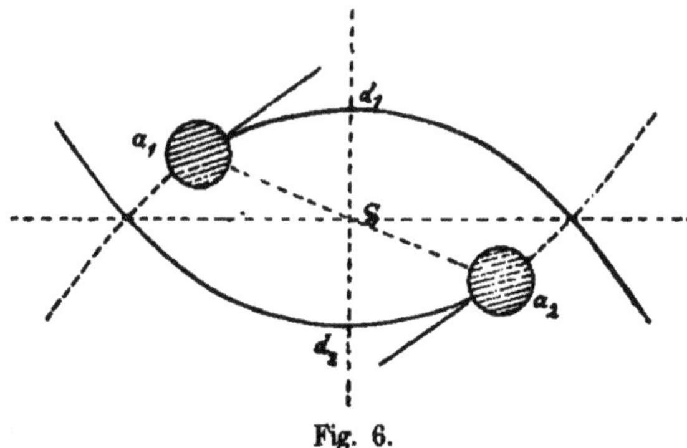


Fig. 6.

ab, bis sie in sehr grosser Entfernung wieder unendlich klein wird.

Anmerkung. Die Zunahme der Quantität der Bewegung eines kosmischen Körpers bei seinem Wege aus der Sonnenferne in die Sonnennähe findet man mit Hülfe der Regel 35; zu diesem Zweck werden die beiden Quantitäten der Bewegung bestimmt, die er an den genannten beiden Punkten erhalten würde, wenn er aus der Unendlichkeit käme. Die Zunahme erhält man, wenn die zweite von der ersten abgezogen wird. Diese Grösse zur Quantität der Bewegung in der Sonnenferne addirt, erhält man die in der Sonnennähe. Damit ist auch die Geschwindigkeit an dieser Stelle gegeben.

Ihre Bahnen sind zwei gleiche Parabeln mit dem gemeinsamen Brennpunkt S, der zugleich der Schwerpunkt der beiden Kugeln und der Ruhepunkt der Bewegung ist.

Die beiden Massen haben in diesem Fall an allen ihren korrespondirenden Punkten die grösste Quantität der Bewegung, die sie sich mittelen können. Jede Annäherung derselben aus einer endlichen Entfernung wird eine kleinere ergeben: bei a₁ a₂ kann die Summe dieser Quantitäten nicht grösser sein, als 3230, bei d₁ d₂ nicht grösser als 6460.

Es handelt sich jetzt darum, die Bahnen bei kleineren Quantitäten der Bewegung kennen zu lernen.

Wir übertragen die Fig. 6 nach Fig. 7. Die beiden Parabeln in Figur 7, a₁ und a₂ seien congruent den Linien d, und d, in Fig. 6. Die beiden Massen M, und M, in Fig. 7 seien dieselben wie in Fig. 6.

Die gemeinsame Quantität der Bewegung derselben in 1000 m Entfernung am Scheitelpunkte der Bahn bei M, M,, gleich 6460, lassen wir jetzt z. B. 80 weniger bloss 6380 betragen, so wird aus der Doppelparabel a, a, die Doppelellipse b, b,, um so kleiner, je grösser diese Abnahme.

Beträgt diese Abnahme die Hälfte der ganzen Quantität der Bewegung, so dass für beide Körper zusammen nur 3230

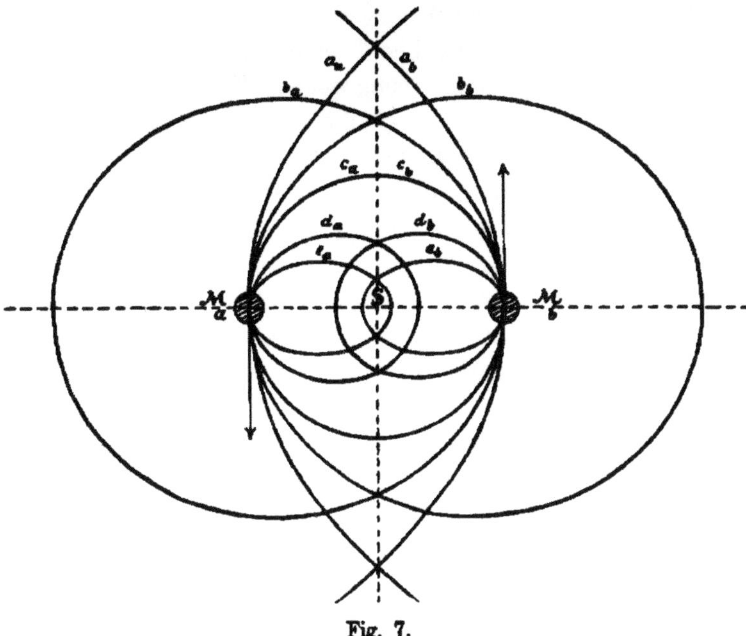

Fig. 7.

am Scheitelpunkt übrig bleibt, dann ist die Bahn ein Kreis, in welchem beide Körper sich bewegen, c, c,. Jeder hat dann die Geschwindigkeit 0,00568 entsprechend der Gleichung:

$$\varphi \cdot x = \tfrac{1}{2} M v^2 = \frac{3230}{2} = \tfrac{1}{2} \, 100\,000\,000 \cdot v^2.$$

Nimmt die Quantität der Bewegung noch weiter ab, dann entsteht wieder die Doppelellipse d, d, mit dem Unterschied, dass jetzt die Stellung M, M, die grösste Entfernung der beiden Massen in ihrer Bahn ist; vorher war sie die kleinste. Mit abnehmender Quantität der Bewegung in der Stellung $M_a$ $M_b$ wird diese Doppelellipse immer flacher $(e_a$ $e_a)$, bis endlich die Vereinigung der beiden Massen durch Zusammenstoss bei S erfolgt.

In dieser ganzen Stufenleiter von Veränderungen verkürzt sich fortlaufend die Umlaufdauer. In der Mitte liegt die gemeinsame Kreisbahn, deren Länge $1000 \cdot 3,141$ m.

Sie wird bei der oben erwähnten Geschwindigkeit von $0,00568$ m in $553\,200$ Sec. (circa $57,39$ Tagen) von jedem der beiden Körper zurückgelegt.

Geometrisch stellt die Fig. 7 eine Anzahl von paarweise geordneten und paarweise congruenten Ellipsen dar, deren grosse Axe in einer Linie liegt, die alle einen Brennpunkt (S) gemein haben und deren kleinster oder deren grösster Scheitelabstand eine bei allen gleiche Grösse ist ($M_a$ $M_b$).

Mechanisch stellt es die Bahnen von paarweise verbundenen kosmischen Massen dar, alle gleich gross, alle Paare mit demselben Schwerpunkt. Alle Paare haben in ihren kleinsten oder in ihren grössten Scheitelabständen dieselbe Entfernung ($M_a$ $M_b$), sind also an dieser Stelle durch gleiche kosmische Anziehung verbunden.

Das obige Beispiel sagt Folgendes aus: Wenn zwei gleiche kosmische Körper, zusammen $2 \cdot 10^8$ Masseneinheiten, unter dem Einfluss der kosmischen Anziehung sich in derselben Kreisbahn (Fig. 4, C) von 1000 m Durchmesser bewegen, muss ihre Geschwindigkeit $0,00568$ m und ihre Umlaufzeit $553\,200$ Sec. (circa $57,39$ Tage) betragen.

Wie sich später zeigen wird, kann man es bei kosmischen Aufgaben gut als Norm verwenden.

Auf elliptische Bahnen übergehend, finden wir ganz analoge Gesetze wie bei Kreisbahnen; Regel 37 schliesst sich an 27, 38 an 28, 39 an 29 an.

36. Die Bahnen verschiedener Paare sind ähnlich, wenn das Verhältniss der Geschwindigkeiten an den beiden Scheitelpunkten der Bahn dasselbe ist.

37. Wenn die Gesammtmasse verschiedener Komponentenpaare gleich ist und ihre Bahnen ähnlich und auch noch die Summen der grossen Axen bei den verschiedenen Paaren gleich gross sind (Fig. 8), dann

hat man es wieder mit gleichartigen Gruppen von Komponenten zu thun.

Es sind in diesem Falle gleich:

1. Die Summen aller· correspondirenden Teile bei den Bahnpaaren. also z. B. (Fig. 8) die Summen der kleinen Axen, der beiden Bahnlängen, der beiden Brennpunktentfernungen und die Abstände in analogen Stellungen.

Es ist das eine geometrische Beziehung, die auf alle Raumgebilde Anwendung findet.

2. Die Summen der beiden Geschwindigkeiten an allen correspondirenden Punkten.

Bei den vier Paaren Fig. 8 ist demnach die Summe ihrer Geschwindigkeiten in den gegebenen Stellungen gleich gross.

3. Auch die Umlaufzeiten sind gleich.

4. In analogen Stellungen (Fig. 8) sind die Bewegungsrichtungen der Komponenten parallel oder entgegengesetzt parallel. Spezieller Fall von Regel 6.

Die 4 Komponentenpaare Fig. 8 laufen zusammen wie vier gleich gestellte Uhren, jede mit einem Zeiger; die Zeiger bleiben immer parallel und gleich lang, aber diese Länge wechselt periodisch, hat bei jedem Umlauf ein Maximum und ein Minimum, die beide in der grossen Axe liegen.

Die vorigen Regeln knüpften sich an die Bedingung unveränderter Gesammtmasse der beiden Komponenten, nur das Verhältniss der Verteilung wurde geändert. Bei den folgenden Regeln ist vorausgesetzt, dass dieses nicht geändert wird.

38. In einem bestimmten Augenblick werden die Massen zweier Komponenten (z. B. Fig. 8 B) in dem Verhältniss wie a:b und ihre Geschwindigkeiten wie $\sqrt{a} : \sqrt{b}$ verändert, dann laufen die neuen Komponenten in den gleichen Bahnen weiter und die früheren Umlaufzeiten verhalten sich zu den neuen verkehrt wie die Geschwindigkeiten.

Wenn also z. B. die beiden Komponenten in Fig. 8, B einen Doppelstern mit elliptischer Bahn und 100 Jahren Umlaufzeit darstellen und es wird ihre Masse 4 mal grösser gemacht, ihre Geschwindigkeit verdoppelt, bleiben die Bahnlinien unverändert und die Umlaufzeit beträgt 50 Jahre.

Jetzt lassen wir die Form der Bahn, also das Verhältniss der grossen zur kleinen Axe, ebenso die Gesammtmasse und ihre Verteilung unverändert, ändern aber den Abstand der

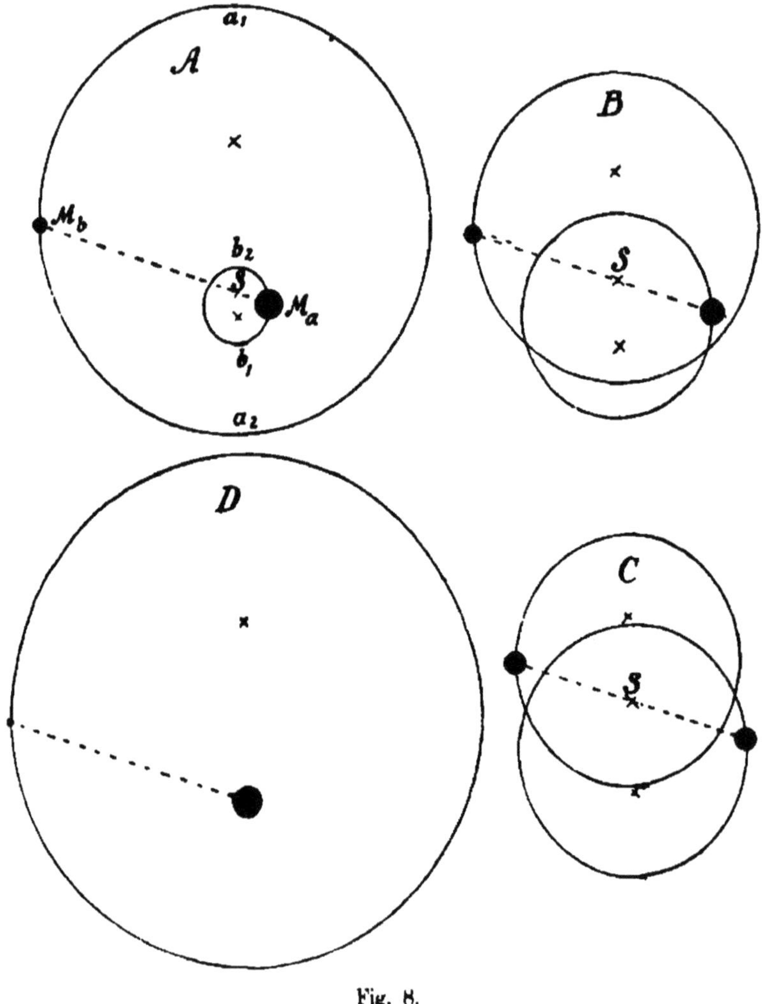


Fig. 8.

Komponenten, dann gilt analog, wie bei Kreisbahnen (29), folgende Regel:

39. In einer Kombination zweier Komponenten Fig. 8, A wird in einem bestimmten Augenblick die Entfernung der beiden Körper in dem Verhältniss

wie c:d und die Geschwindigkeiten der beiden
Körper verkehrt wie die Wurzeln aus diesem Verhältniss, also wie $\sqrt{d}$ $\sqrt{c}$ verändert. Die neuen
Bahnen sind dann ähnlich den früheren; die Umlaufzeiten verhalten sich wie die Wurzeln aus den
dritten Potenzen correspondirender Entfernungen.

Wenn also z. B. in den vier Komponentenpaaren Fig. 8
die Summe der grossen Axen 4 mal grösser, die Geschwindigkeiten halb so gross gemacht werden, bleiben die Bahnen
ähnlich und die Umlaufzeit wird 8 mal grösser.

Noch eine Veränderung bliebe zu erörtern, die der Bahnform bei ungeänderter grosser Axe. Diese Bahnform hängt
von der Grösse der kleinen Axe ab, die zwischen gleicher
Dimension, wie die grosse Axe (Kreis) und Null alle Werte
haben kann. Wir unterlassen die Ausführung, weil sie einen
etwas grösseren Rechenapparat fordert, der mit dem populären
Zweck dieser Arbeit nicht im Einklang steht, und erwähnen nur noch folgende, astronomisch sehr wichtige, einfache Regel:

40. Bei gleicher Gesamtmasse der Komponenten
und gleicher Summe der grossen Axen ist auch die
Umlaufdauer gleich.

Die Umlaufdauer bei allen Komponentenpaaren, Fig. 8,
ist gleich und wird nicht verändert, wenn die Bahnen
Ellipsen von anderer Form oder auch Kreise (Fig. 4) sind,
wenn nur die Gesammtmasse der beiden Komponenten und die
Summe der grossen Axen gleich bleibt.

Wenn z. B. die Umlaufzeit eines Kometen, der in sehr
excentrischer Bahn sich um die Sonne bewegt, 164 Jahre
beträgt, das ist die Umlaufzeit des Neptun, so ist seine grosse
Axe gleich der dieses Planeten, etwa 30 mal grösser, als die
der Erdbahn.

Ein Meteorit, der sich in einer Kreisbahn mit dem gleichen
Durchmesser um die Sonne bewegt, hat die gleiche Umlaufzeit,
ein spezieller Fall obiger Regel.

Die vier Komponentenpaare in Fig. 4 und 8 sind ebenfalls
spezielle Beispiele derselben.

Es soll jetzt die Umlaufzeit von Mond und Erde aus der Summe der gegenseitigen grossen Axen (Fig. 8, A), der Gesammtmasse der beiden Körper im Anschluss an das Beispiel Seite 40 bestimmt werden. Letzteres sagt, dass zwei kosmische Massen zusammen $2 \cdot 10^8$ Masseneinheiten, in derselben Kreisbahn von 1000 m Durchmesser laufend Fig. 4, C, ihre Bahn in 553 200 Secunden vollenden. Die Summe ihrer grossen Axen beträgt demnach 2000 m.

Masse von Erde und Mond zusammen beträgt circa $6{,}236 \cdot 10^{13}$ Einheiten.

Diese teilen wir ebenfalls halbscheit und lassen die beiden Hälften in derselben Kreisbahn von 1000 m Durchmesser laufen. Die neue Umlaufzeit $T_y$ erhält man nach Regel 37 aus der Proportion

$$553\,200 : T_y = \sqrt{6{,}236 \cdot 10^{13}} \quad \sqrt{2 \cdot 10^8}$$
$$T_y = 0{,}009\,896.$$

Die Summe der grossen Axen der beiden Komponenten Erde und Mond ist $= 407\,000\,000$ m $+ 356\,000\,000 = a_1 b_1 + a_2 b_2$; A, Fig. 8. Beide summirt und die Summe halbirt, erhält man den Durchmesser der gesuchten Kreisbahn $= 381\,500\,000$. Wenn die beiden Hälften der Gesammtmasse von Erde und Mond in dieser sich bewegen, beträgt nach 39 die Umlaufzeit ebensoviel, wie bei der jetzigen Verteilung und der jetzigen elliptischen Bahn.

Nach 38 erhält man diese Umlaufzeit $(T_x)$ durch die Proportion:

$$0{,}009\,896 : T_x = \sqrt{1^3} \quad \sqrt{381\,500^3}$$
$$T_x = 2\,335\,200 \text{ Sec} = 27{,}03 \text{ Tage.}$$

Nach den Beobachtungen beträgt sie circa 27,3. Der Unterschied mit obigem Resultat ist in den ungenauen Annahmen zu suchen.

Ueberblicken wir noch einmal die hier möglichen Mannigfaltigkeiten. Es handelt sich um folgende vier Grössen: 1. Gesammtmasse, 2. Verteilung derselben, 3. Abstand der Komponenten, 4. Form der Bahn.

Jede einzelne der drei ersten Grössen erlaubt Abänderung in unendlich weiten Gränzen.

Die Zahl der möglichen Veränderungen ist unendlich gross in höherer Ordnung. Auch wenn man die Zahl derartiger Gebilde unendlich gross annimmt, nie können zwei einander gleich sein: jede ist einzig in ihrer Art.

Bemerkenswert ist, dass man durch alle erwähnten Regeln keinen Aufschluss über das Verhältniss der Massen der beiden Komponenten erhält, solange nur zwei Körper im Spiel sind. Desshalb ist bei allen Doppelsternen nur die Gesammtmasse und auch diese nur annähernd bekannt, eine Folge der Beobachtungsschwierigkeiten. Was darüber hinaus geht, sind nur Vermutungen. Bei Planeten mit Monden geben letztere Aufschluss über ihre gemeinsame Masse.

Mit unseren Beobachtungen in der unermesslichen Fixsternwelt sieht es meistens nicht gut aus; sie sind schwankend, manchmal sich widersprechend; die grossen Entfernungen erschweren sie ungemein. Die Daten für die Rechnungen sind sehr unzuverlässig.

Wahrscheinlich hat jeder Fixstern Begleiter, aber nur die lichtstärkeren kommen zur Beachtung, und die Kombination heisst dann ein Doppelstern.

Manche Bahnen derselben scheinen von Kreisen wenig verschieden zu sein, wie bei dem Doppelstern Kastor. Andere dagegen laufen in sehr excentrischen Ellipsen, wie der Doppelstern $\gamma$ im Löwen mit circa 400 Jahren, $\gamma$ in der Jungfrau mit circa 140 Jahren Umlaufzeit.

Dieser Unterschied in der Excentricität deutet auf einen verschiedenen Entstehungsprocess, wie man ihn auch bei den Planeten im Gegensatz zu den Kometen annimmt. Wir kommen darauf zurück.

Die erörterten Regeln setzen uns in den Stand, für jede beobachtete Form wenigstens eine Analogie aufzustellen. Bei dem Doppelstern Kastor z. B. wird eine Umlaufzeit von circa 1000 Jahren vermutet. Die Gesammtmasse seiner wenig verschiedenen Komponenten der Sonne gleich angenommen, würde eine Doppelkreisbahn mit einem Abstande der Komponenten 100 mal so gross als der der Erde von der Sonne das Bild dieses Doppelsternes geben. Wahrscheinlich ist die Gesammtmasse viel kleiner, als die der Sonne, und darin die Ursache der ungewöhnlich langen Umlaufzeit zu suchen.

# Das Problem der drei Punkte.*)

Die Bewegung dreier Massenpunkte unter dem Einfluss der kosmischen Anziehung, das ist das Thema. Mehr als ein Jahrhundert steht dieses berühmte Problem auf der Tagesordnung. Trotzdem sich die besten mathematischen Denker, vor allem Lagrange und Jakobi, damit beschäftigt haben, ist es doch bis heute nicht gelöst und wird es wohl so bleiben, bis nicht neue, jetzt unbekannte Wege zur Lösung gefunden werden.

Hier soll nur in Kürze gezeigt werden, dass man bei dieser Aufgabe, wie bei sehr vielen anderen, auch ohne alle Rechnung sehr viel sehen kann. Wer sich an ähnlichen Aufgaben versucht, darf nie versäumen, sie erschöpfend durchzudenken, bevor er die erste Gleichung hinschreibt; damit erspart man endlose verlorene Arbeit und schützt sich vor Irrwegen. Die Resultate, die man einerseits durch Ueberlegen, anderseits durch Rechnung gefunden hat, müssen sich gegenseitig kontrolliren.

Das erinnert an ein von Boltzmann erwähntes angebliches Scherzwort von Gauss, der auf die Frage nach dem Stande einer dringenden Arbeit gesagt haben soll, alle Formeln und Resultate sind fertig, nur den Weg muss ich noch finden, auf dem ich dazu gelangen werde.

Das Problem der drei Punkte setzt voraus, dass die drei Körper nur auf sich und ihre gegenseitige Anziehung angewiesen sind und auch vorher keine andern Kräfte auf sie Einfluss übten. Ihre Bewegungen sind dann alle der Art, dass sie sich nur auf ihre gegenseitige Stellung beziehen. In dieser Form ist die Aufgabe unter dem Namen „das reducirte Problem der drei Punkte" bekannt.

Am Anfang gab man jedem der drei Körper von bestimmter Masse eine bestimmte Geschwindigkeit in bestimmter Richtung und frug nun, wie bewegen sich die drei Körper weiter. Wenn man dagegen annimmt, die drei Körper sind nur auf sich angewiesen, dann ist Richtung und Geschwindigkeit bei jedem einzelnen von allen drei Komponenten abhängig, kann nur zum Teil willkürlich bestimmt werden. Wir kommen gleich darauf zurück. In der früheren Form war die Aufgabe nicht nur schwieriger, sie war nicht richtig formulirt, setzte noch weitere Kräfte voraus, als die in den drei Körpern.

Bei dem reducirten Problem, von dem allein hier die Rede sein soll, ist der Schwerpunkt ruhend; auf ihn beziehen sich alle Bewegungen des Systems, in gleicher Weise wie bei den gegenseitigen Bewegungen zweier Körper (Seite 12).

---

*) Das vollständigste mir bekannte Werk über dieses und ähnliche Probleme ist: „Planetenbewegungen von Dr. O. Dziobek." Sein Studium fordert jedoch Vertrautheit mit der höheren Mathematik.

Seien die drei Massen beispielsweise $M_1 = 1$, $M_2 = 2$, $M_4 = 4$, (Fig. 9), wo also der Index das Massenverhältniss bezeichnet und ihre gegenseitigen Entfernungen in einem bestimmten Augenblick $X_{1,2}$ zwischen $M_1$ und $M_2$, analog $X_{2,4}$ und $X_{4,1}$. Wir teilen $X_{1,2}$ in drei Teile und finden dadurch den Schwerpunkt der beiden Massen $M_1$, $M_2$ im ersten Drittel von $M_2$ aus gerechnet. Dann ziehen wir von diesem Punkt aus eine Linie nach $M_4$ und teilen sie in sieben Teile. Der dritte Teilstrich dieser Linie, von $M_4$ aus gerechnet, ist der Schwerpunkt der drei Körper. Es ändert nichts am Resultat, wenn auch eine andere Reihenfolge der Massen bei der Konstruktion benützt wird, z. B. $M_4$, $M_1$, $M_2$ oder $M_2$, $M_4$, $M_1$.

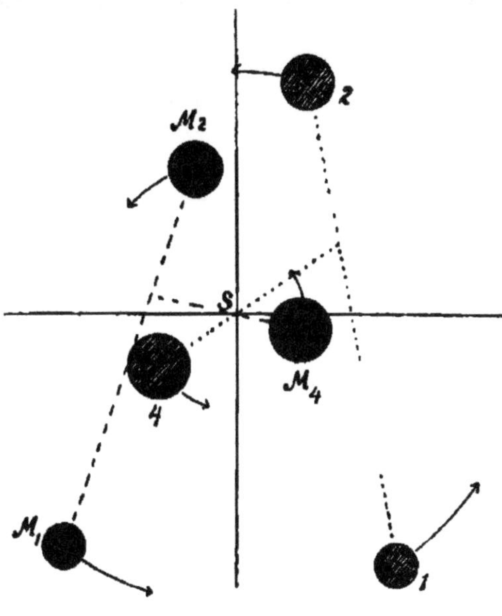


Fig. 9.

Der Punkt, welcher in einer vorübergehenden Stellung Schwerpunkt (S) ist, muss es in allen Stellungen sein. Das ist die erste Regel für die Bewegung der drei Körper.

Die Bewegungsrichtung des Schwerpunktes von zwei Komponenten, z. B. von $M_1$ und $M_2$, ist parallel entgegengesetzt der Bewegungsrichtung des dritten Körpers ($M_4$.)

Die Geschwindigkeit und die zurückgelegte Wegstrecke des genannten Schwerpunktes steht zu der des dritten Körpers ($M_4$) in verkehrtem Verhältniss wie die betreffenden Massen. Analogie zu 12 und 13.

Je grösser die Massen, je kleiner die Abstände, desto rascher sind alle Bewegungen; ganz wie bei zwei Körpern.

Ist die Masse von einem der drei Körper ($M_4$) grösser als die der beiden anderen zusammen ($M_1 + M_2$), so befindet er sich immer näher am gemeinsamen Schwerpunkt der drei Körper, als der Schwerpunkt der beiden anderen Körper ($M_1$ u. $M_2$). Ergiebt sich aus der Konstruktion.

Umgekehrt, wenn die Masse zweier Körper grösser ist, als die des dritten ($M_1 + M_2$ grösser als $M_4$).

Liegt der Schwerpunkt in einem bestimmten Augenblicke in der Verbindungslinie von zwei Komponenten, muss auch der dritte in derselben Linie liegen; folgt aus der erwähnten Konstruktion.

Wenn der Schwerpunkt, die drei Massen und die Stellungen zweier Komponenten bekannt sind, folgt die des dritten aus der umgekehrten erwähnten Konstruktion.

Wenn ein Massenpunkt momentan im Schwerpunkt liegt, befinden sich die drei Körper in einer Linie, einer auf der einen, der andere auf der andern Seite vom Schwerpunkt in Entfernungen von diesem, wie verkehrt ihre Massen.

Eine durch die drei Punkte gelegte Ebene, die der Bewegung derselben folgt, muss immer auch den Schwerpunkt enthalten.

Die Massen $M_1$ und $M_2$ sind durch eine Kraft verbunden, deren Intensität durch Regel 2 bestimmt wird; ebenso bei $M_2$, $M_4$ und $M_4$, $M_1$. Wir bezeichnen diese Kräfte correspondirend durch $\varphi_{1,2}$, $\varphi_{2,4}$, $\varphi_{4,1}$. Jede dieser Kräfte wirkt mit gleicher Stärke auf zwei Massen und jede von den drei Massen steht unter dem Einfluss von zwei Kräften.

Durch den Schwerpunkt wird ein rechtwinkeliges Coordinatensystem gelegt. Jede von den beiden Kräften, die auf einen Massenpunkt wirken, zerlegen wir nach dem Parallelogramm der Kräfte in die Richtungen nach den drei Axen und nehmen die bei einer Masse in dieselbe Richtung fallenden zusammen. Es wird also z. B. $M_1$ von drei Kräften angegriffen, die den drei Axen parallel sind, und jede einzelne derselben ist die Summe von zwei Kräften, deren eine der Verbindung dieses Punktes mit $M_2$, deren zweite der Verbindung mit $M_4$ zugehört.

Die nummerische Summe der parallelen und parallel entgegengesetzten Komponenten der drei Kräfte $\varphi_{1,2}$, $\varphi_{2,4}$, $\varphi_{1,4}$ ist gleich Null.

Selbstverständlich fordert entgegengesetzte Richtung bei dieser Summirung entgegengesetztes Vorzeichen.

Mit diesem Satz ist ausgesprochen, dass keine Kräfte ausserhalb der drei Massen in Wirkung sind.

Das eben erwähnte Gesetz ist die Uebertragung des Gesetzes Seite 9 auf drei Körper.

Ferner: Jeder der drei Körper hat eine Massegeschwindigkeit in bestimmter Richtung. Jede zerlegen wir (wie vorher die Kräfte) in drei Massegeschwindigkeiten, parallel zu den drei Axen, in drei Komponenten.

Die Summe von drei parallelen Komponenten, jede einem andern Massenpunkt zugehörend, ist gleich Null.

Selbstverständlich entgegengesetzte Richtung, entgegengesetztes Vorzeichen.

Mit diesem Satz wird ausgesprochen, dass auch vorher keine Kräfte, ausserhalb der drei Massen, in Wirkung waren.

Er ist die Analogie der Gesetze 12, 13, 14, auf drei Körper übertragen.

Ferner: Die nummerische Grösse der freien Kraft $\varphi_{1,2}$, die $M_1$ mit $M_2$ verbindet, kann durch zweimalige Anwendung der Regel 35 bestimmt werden, wenn als Grenze der Annäherung die Berührung angenommen wird. Ebenso bei $M_1 M_4$ und $M_4 M_2$.

Ausserdem haben die beiden Massen $M_1$ und $M_2$ eine gegenseitige Quantität der Bewegung. Sie wird gemessen, indem man von ihrem Schwerpunkt als Ruhepunkt ausgeht. Ebenso bei $M_1$ und $M_4$ und bei $M_4$ und $M_2$.

Das sind zusammen sechs Quantitäten der Bewegung und drei freie Kräfte.

Ihre nummerische Summe ist der Maassstab für die in dem System enthaltene Energie. Diese ist eine unveränderliche Grösse.

Z. B. Mond und Erde haben jeder im Verhältniss zum andern eine Quantität der Bewegung, der kleinere in dem Verhältniss mehr, als er kleiner ist (Seite 24). Ihr gemeinsamer Schwerpunkt ist der Ruhepunkt für diese Bewegung. Ebenso Erde und Sonne; ebenso Mond und Sonne. Jeder der drei Ruhepunkte verändert seine Stellung im System. In diesem ist nur der gemeinsame Schwerpunkt ohne Bewegung. Die Hauptschwierigkeit besteht hier darin, dass keine der drei Bewegungen rein zum Ausdruck kommt, weil immer der dritte Körper störend einwirkt.

Den drei Entfernungen Mond Erde, Erde Sonne, Mond Sonne entsprechen drei freie Kräfte, wie oben erwähnt.

Bei der Bewegung von zwei Massen kann man vier Aenderungen eintreten lassen (Seite 44). Analog ist es auch bei drei Körpern, aber das Resultat ist nur in zwei Punkten wesentlich gleich.

1. Es kann die Gesammtmasse der drei Komponenten verschieden verteilt werden, aber damit ändert sich bei drei Körpern im Allgemeinen auch die Form der Bahn. Bei zwei Massen kann diese unverändert bleiben, bei drei ist das nicht möglich. Es scheint hier keine Analogie zu 27 und 37 statt zu finden.

2. In einer Kombination von drei Körpern werden in einem bestimmten Augenblick alle drei Massen in gleichem Verhältniss z. B. wie a:b und ihre Geschwindigkeiten wie $\sqrt{a}:\sqrt{b}$ geändert, dann bleibt die Form ihrer Bahnen unverändert.

Die nötigen Zeitabschnitte zur Zurücklegung gleicher Bahnstrecken stehen verkehrt in dem letztgenannten Verhältniss, verhalten sich also wie $\sqrt{b}:\sqrt{a}$.

Dieser Satz ist eine, auf Analogie gestützte, Induktion (Verallgemeinerung) von 28 und 38.

Wenn also z. B. in einem bestimmten Augenblick die Massen von Sonne, Mond und Erde auf das Vierfache vermehrt und ihre Geschwindigkeiten verdoppelt werden, setzen sie in unveränderten Bahnen ihren Weg fort und legen dann gleiche Wegstrecken in der halben Zeit zurück.

Das Gesetz gilt nicht nur für drei, es gilt für eine beliebige Anzahl von Massen, einen Sternhaufen z. B oder unser Planetensystem.

3. In einer Kombination von drei Massen (z. B. 4, 2, 1) werden in einem bestimmten Augenblick (bei unveränderten Bewegungsrichtungen) alle Entfernungen in einem bestimmten gleichen Verhältniss, ferner alle Geschwindigkeiten verkehrt, wie die Wurzeln dieses Verhältnisses, verändert (also z. B. alle Geschwindigkeiten halb so gross, alle Entfernungen viermal grösser, gemacht), dann sind die weiteren Bahnen der drei Körper ähnlich; die Zeiträume, um in correspondirende Stellungen zu kommen. verhalten sich wie die Wurzeln aus den dritten Potenzen correspondirender Entfernungen.

Dieser Satz ist eine, auf Analogie gestützte Induktion (Verallgemeinerung) von 29 und 39.

Wenn also in einem bestimmten Augenblicke die drei Entfernungen von Sonne, Erde, Mond viermal vergrössert und zugleich ihre Geschwindigkeiten auf $^1\!/_4$ vermindert werden, bewegen sie sich in ähnlichen Bahnen wie jetzt, und die nötigen Zeiträume, um in correspondirende Stellungen zu kommen, sind achtmal grösser.

Auch dieses Gesetz gilt nicht nur für 2 und 3, sondern für eine beliebige Massenzahl.

Die vierte Veränderung in einer derartigen Kombination ist die der Bahnform. Da sieht man leicht, dass die Bewegungen dreier Massenpunkte nur in ganz besonderen Fällen streng periodisch sein können; im Allgemeinen ist die Form der Bahn zu verschiedenen Zeiten immer eine andere, und eine Wiederkehr nur bei bestimmten Verhältnissen möglich. Wenn z. B. der Mond genau 12 Umläufe im Jahre machte, wären die Bahnen von Sonne, Erde und Mond periodisch. Etwas derartiges ist fast nie zu erwarten. Damit ist auch die Unmöglichkeit einer Darstellung der Bahn durch eine geschlossene Formel festgestellt.

Trotz fortwährenden nicht periodischen Veränderungen können diese Veränderungen in die engsten Grenzen eingeschlossen sein; das wird um so mehr der Fall sein, je mehr sich die Bahnen der Kreisform nähern und je kleiner die Winkel der Bahnebenen.

Wiederkehrende Bewegungen dreier Massenpunkte sind z. B.:

1. Drei gleiche Massenpunkte an den Ecken eines gleichseitigen Dreiecks in ihrer Ebene im Kreise sich drehend.

2. Ein Massenpunkt im Schwerpunkt, die beiden andern gleich gross in gleichem Abstand von ihm in einer Linie um den Schwerpunkt sich drehend.

3. Zwei grosse Massenpunkte in geringer Entfernung, die sich in Kreisbahnen um einander bewegen, dazu ein dritter kleiner Körper in grosser
Entfernung, der sich auch in einer Kreisbahn in derselben Ebene um sie
bewegt und dessen Umlaufszeit zu der der beiden grossen Massen in einem
ganzzahligen Verhältniss steht, so dass also z. B. letztere 741 Umläufe
machen, der kleine Körper in gleicher Zeit genau 57, mit deren Ablauf
die Periode schliesst.

Es lassen sich wohl noch mehr ähnliche Kombinationen angeben, was
weiter keinen Wert hat; die meisten gehen bei der geringsten Störung
unfehlbar und für immer aus den Fugen. Es herrscht in ihnen, wenn
man so sagen darf, nur ein labiles Bewegungsgleichgewicht. Sie können
desshalb nicht entstehen, wenn auch sonst alle Bedingungen dazu gegeben
wären.

Das eben Erwähnte hängt mit einer merkwürdigen Eigenschaft der
meisten Bewegungen dreier Punkte zusammen. Eine vergleichsweise sehr
kleine vorübergehende Störung ändert den Verlauf der Bewegung erst
unmerklich, dann immer mehr, bis zuletzt thatsächlich etwas ganz anderes
daraus geworden ist. Die Bewegung dreier Massenpunkte zeigt, wie erwähnt, auch ohne Störung in jedem Zeitabschnitt von einiger Ausdehnung
ein anderes Bild; diese Unregelmässigkeit ist um so ausgesprochener, je
weniger die Quantitäten der drei Massen verschieden sind. Umgekehrt, je
geringer der Einfluss von einem, oder gar von zwei Körpern, auf die
ganze Kombination, desto mehr nähern sich die Bahnen den Bewegungen
zweier Körper, wie z. B. bei Sonne, Erde und Mond oder noch mehr bei
der Bewegung zweier Meteoriten um die Sonne.

Wie mag nun wohl ein solches Gebilde von mehreren kosmischen
Massen entstehen? Man muss doch wohl annehmen, dass diese auch einst
weit von einander entfernt waren, wie jetzt die Fixsterne von uns. Damals
war zwischen ihnen eine freie Kraft vorhanden, von der ein grosser Teil
nicht mehr da ist. Was ist da vorgegangen? Diese Frage soll uns jetzt
beschäftigen.

Nachtrag: Eine hübsche einfache Regel, die Seite 32 hätte erwähnt
werden sollen, mag hier nachträglich eine Stelle finden.

Die sämmtlichen einzelnen Massen Fig. 4 denken wir uns in ebenso-
viele Punkte vereint und bezeichnen mit T die bei allen 4 Kombinationen
gleiche Zeit, in der sie ihre Kreisbahnen vollenden. Die Zeit in der sich
die einzelnen Paare bei demselben Abstand von der Ruhe aus vereinen
würden beträgt dann $\dfrac{T}{5{,}5675}$.

Auf die annähernd kreisförmigen Bahnen der Planeten angewendet
folgt z. B., dass die Erde von der Ruhe aus in $\dfrac{12}{5{,}5657}$ = circa 2 Monaten auf
die Sonne stürzen würde, der Mond auf die Erde in $\dfrac{30}{5{,}5657}$ = circa 5,4 Tagen.

## IV. Kapitel.

# Die Entstehung der kosmischen Gebilde
# (Sonnen, Planeten, Monde, Ringe, Nebel etc.).

Die Anziehung, welche einen Planeten mit der Sonne verbindet, kann für sich allein nur eine Bewegung in der Richtung der Sonne, niemals in einer dazu senkrechten Richtung, erzeugen. Die Quantität der Bewegung eines Planeten in seiner Sonnenferne, also am äusseren Scheitel seiner Bahn, kann desshalb niemals durch die Sonne unmittelbar entstanden sein, ihr muss eine andere Kombination von Ursachen zu Grunde liegen. In der Sonnennähe ist eine zweite Quantität der Bewegung dazu gekommen, die durch die Annäherung an den Zentralkörper entstanden ist. Bei den annähernd kreisförmigen Bahnen der Planeten ist die erstgenannte Quantität der Bewegung weitaus die grössere und deren Entstehung gilt es zu ergründen.

Es gilt das Gleiche für die Drehbewegung der Planeten um sich selbst; auch diese Bewegung kann nicht unmittelbar durch die Anziehung der Sonne entstanden sein.

Die Bewegung der meisten Planeten um die Sonne findet annähernd in einer Richtung statt, in gleichem Sinne ihre Drehung und auch die der Sonne selbst.

Diese Thatsachen haben schon vor 150 Jahren Kant zu der Ansicht bestimmt, dass unser Sonnensystem aus einem rotierenden Nebelball hervorgegangen ist, durch dessen allmähliche Verdichtung in der Mitte die Sonne und in den einzelnen Ringen die Planeten entstanden sind.

Es soll jetzt untersucht werden, auf welche Weise wir uns die Entstehung eines solchen Nebels zu denken haben.

Wenn ein Planet sich der Sonne nähert, geht freie Kraft in Quantität der Bewegung über, seine Geschwindigkeit vergrössert sich, entsprechend seine Quantität der Bewegung.

Umgekehrt, wenn er sich von der Sonne entfernt, geht diese Vermehrung seiner Quantität der Bewegung wieder in freie Kraft über.

Wenn freie Kraft verbraucht wird, aber nicht in Quantität der Bewegung übergehen kann, entstehen andere Bewegungsformen, Wärme, Licht, Elektrizität, Magnetismus.

Dieser Fall ist z. B. gegeben, wenn ein Körper, wie die Sonne, sich verdichtet, fortlaufend seinen Durchmesser vermindert. Ihm entströmen Licht und Wärme in ungeheuren Mengen, in dem Maasse, als dabei freie Kraft verschwindet.

Das Gleiche gilt für die Quantität der Bewegung, wenn sie ihre Form zu ändern gezwungen ist, aber nicht in freie Kraft übergehen kann. Dieser Fall findet bei Vereinigungen von kosmischen Massen statt, z. B. bei dem Einfallen von Meteoren.

Nach jetziger Ansicht ist Wärme eines Körpers Schwingung seiner Atome und strahlende Wärme Schwingung der kleinsten Teile des kosmischen Aethers. Beide gehen in einander über. Letztere erwärmt den Körper, auf den sie trifft, und umgekehrt, ein warmer Körper sendet Wärmestrahlen aus.

Die untere Grenze der Wärme liegt 273⁰ C. unter Null, das heisst, bei —273⁰ C. findet keine Vibration der Atome mehr statt, sie sind bei dieser Temperatur in Ruhe.

Durch zahlreiche Versuche ist folgendes festgestellt:

41. Eine freie Kraft kann vollständig in Wärme übergeführt werden.

In diesem Falle wird durch eine konstante Kraft gleich 1, die auf 424 m wirkt, also durch 424 mk ein Kilo Wasser von 0⁰ auf 1⁰ C. erwärmt.

Diess ist der erste Hauptsatz der mechanischen Wärmetheorie.

Wenn also ein Kilo im luftleeren Raum aus 424 m Höhe herabfällt, kann man im günstigsten Fall eine Kalorie erhalten.

Umgekehrt, wenn man die ganze Wärme einer Kalorie in Kraft verwandeln könnte, würde man im Stand sein, damit 1 Kilo 424 m hoch zu heben. Diese Umwandlung gelingt aber nie vollständig; immer geht ein grosser Teil der Wärme durch Zerstreuung verloren. Das ist der zweite Hauptsatz der mechanischen Wärmetheorie.

Da die freie Kraft 424 m k numerisch gleichwertig der Quantität der Bewegung $= \frac{1}{2}$ M v², ist letztere ebenfalls gleichwertig einer Kalorie.

So ist z. B. die Quantität der Bewegung von 20 Masseneinheiten, die sich mit einer Geschwindigkeit von 6,51 m bewegen, ebenfalls gleichwertig einer Kalorie, da $\frac{M}{2}$ v² $= \frac{1}{2} \cdot 20 \cdot 6{,}51^2 = 424$ m k.

Wenn also die erwähnte Masse mit 6,51 m Geschwindigkeit auf die Erde fällt und es würde dabei die ganze Bewegungsgrösse in Wärme übergeführt, erhielte man ebenfalls eine Kalorie.

Lassen wir jetzt zwei Weltkörper, aus sehr grosser gegenseitiger Entfernung kommend, in Folge der kosmischen Anziehung sich vereinen.

Gleichgültig nach welchem Gesetz zwei durch eine Kraft verbundene Körper ihre gegenseitige Geschwindigkeit erhalten, immer kann man sich eine konstante freie Kraft denken, die, auf einer bestimmten Wegstrecke wirkend, dieselben Quantitäten der Bewegung (lebendigen Kräfte) erzeugt.

Sei φ · x diese freie Kraft, so ist sie, nach dem oben gesagten, gleichwertig $\frac{\varphi \cdot x}{424}$ Kalorien; so viele entstehen, wenn diese beiden Körper sich vereinigen.

Sei beispielsweise der eine der beiden Körper die Sonne; die Masse des zweiten betrage $\frac{1}{760}$ von der des ersten, das ist so viel, als alle Planeten zusammengenommen. Es soll bestimmt werden, welche Wärme, eine wie grosse Zahl von Kalorien, entsteht, wenn diese beiden Körper, aus sehr grosser Entfernung kommend, auf einander stürzen.

Der Zusammenstoss wird als vollendet angesehen, wenn der Mittelpunkt des zweiten Körpers die Sonnenoberfläche erreicht hat. Die Geschwindigkeit, mit der er erfolgt, beträgt, nach Regel 35 berechnet, 610 Kilom.

Wir beachten nur das Verhältniss der beiden Massen; einem Kilo auf dem zweiten Körper stehen 760 Kilo auf der Sonne gegenüber.

Die Anziehung der Sonne an ihrer Oberfläche ist 27,5 mal stärker als die der Erde an ihrer Oberfläche; die Kraft, welche dort auf ein Kilo wirkt, beträgt 27,5 Kilo. Dann ist nach dem Gesetz 35 die Summe der gesuchten Quantität der Bewegung gleichwertig einer freien Kraft $= 27,5 \times$ Sonnenradius $=$ $27,5 \cdot 692\,650\,000$ m k, gleichwertig $\dfrac{27,5 \cdot 692\,650\,000}{424}$ Kalorien $= 44\,882\,000$ Kalorien.

Verteilt man diese Wärme gleichmässig auf 761 K, so erhält man eine Wärmesteigerung $= \dfrac{44\,882\,000}{761} = 59\,000^{0}.$*)

Verteilt man diese Wärme nach dem Verhältniss der Quantitäten der Bewegung, welche jeder der Körper hat, so erhält der leichtere 760 mal mehr als der schwere; dem ersteren fallen dann 44\,823\,022, dem schwereren 58\,978 Kalorien (77 auf ein Kilo) zu.

Keines der beiden Verhältnisse wird in Wirklichkeit stattfinden; jedenfalls muss man einen weitgehenden Ausgleich der entstehenden Wärme vermuten. Die Steigerung der Temperatur, die sich demnach auch auf einen Teil der Sonne selbst ausdehnt, ist so enorm, dass wir gar keine Vorstellung davon haben. Die Schmelzwärme des Platins ist $2500^{0}$ C.; es ist schon beinahe die Grenze für unsere Mittel; hier handelt es sich aber um Millionen von Graden. Jedenfalls muss man annehmen, dass bei dieser Temperatur alle uns bekannten chemischen Verbindungen gelöst, alle Körper in Gas von höchster Spannung verwandelt sind. Der kleinere Körper und ein Teil der Sonne selbst wird in wenigen Minuten in diese

---

*) Die betreffenden Zahlen können nur ein entferntes Bild der Wirklichkeit geben. Zuerst ist zu bemerken, dass ein Kilo Masse verschiedener Körper sehr verschiedene Mengen von Wärme braucht, um gleiche Temperaturerhöhung zu erhalten. Das Wasser braucht fast am meisten von allen; daraus ist zu schliessen, dass die Temperatur mehr steigt, als die Rechnung angiebt. Dem steht ein anderes schwächeres Verhältniss entgegen. Ein Grad Temperaturerhöhung nimmt bei den meisten Körpern mehr Wärme in Anspruch bei hoher, als bei niederer Temperatur. Auch ist zu beachten, dass ein grosser Teil der beiden Bewegungsgrössen, um die es sich handelt, in Drehbewegung übergeht.

Form übergehen, eine Gasmasse, die sich in Folge ihrer Spannung mit ausserordentlicher Geschwindigkeit ausdehnt.

Nehmen wir an, dass der kleinere Körper mit einem Einfallwinkel von 45° einschlägt.

Wenn auch nur eine Seite des Grösseren unmittelbar getroffen wird, die Gase umschliessen doch sehr bald in Folge ihrer Spannung und der Drehung des Ganzen die Gesammtmasse, bis über Neptunsweite den ganzen Raum um die Sonne ausfüllend.

Die Bewegungsgrösse des auftreffenden Körpers zerlegt sich in zwei Komponenten, die eine tangential, die andere senkrecht zur Oberfläche; ähnlich ist es bei jedem Stoss. Die letztere geht vollständig in Licht und Wärme über. Das wird auch bei dem grössten Teil der erstgenannten Bewegungsgrösse der Fall sein, aber ein anderer Teil bleibt erhalten, geht in Drehung über, in Drehung der Sonnenoberfläche um ihr Centrum, in Drehung der ganzen Gasmasse um die Sonne in gleichem Sinne und in Drehung einzelner dichterer Stellen in dieser Gasmasse um sich selbst, ebenfalls in demselben Sinne.

Die Oberfläche des Zentralkörpers in der Richtung des Stoffes des neu sich bildenden Aequators wird in diese Bewegung am meisten hineingezogen, die Massen des Innern und die Pole nur wenig. Die Hauptmasse dreht sich wahrscheinlich viel langsamer, vielleicht sogar in anderer Richtung. Desshalb ist die Abplattung der Sonne so gering, dass sie der Beobachtung entgeht.

Die Durchschnittsgeschwindigkeit, mit der die Gashülle nach dem Stoss die Sonne umkreiste, muss man kleiner annehmen, als die der Sonnenoberfläche am Aequator (2 km), denn diese Umlaufgeschwindigkeit hat sich nach dieser Vereinigung fortlaufend durch einfallenden, rascher kreisenden kosmischen Staub vergrössert; sie vergrössert sich heute noch nach dem Flächengesetz, da die Sonne fortlaufend ihren Durchmesser vermindert. Dadurch wird die bekannte Thatsache erklärt, dass die Teile der Sonnenoberfläche näher am Aequator ihren Umlauf rascher vollenden, als die entfernteren.

Mag eine Umlaufgeschwindigkeit von 1 km als Näherungswert gelten.

Diese linsenförmige Gashülle dehnt sich so lange aus und

kühlt sich zugleich ab, bis sich die weniger flüchtigen Bestandteile zu kosmischem Staub verdichten. Jetzt erst kann die Anziehung des Zentralkörpers wieder die Oberhand gewinnen. Dieser Staub nähert sich dem Zentralkörper, bei fortlaufend nach dem Flächengesetz zunehmender Umlaufsgeschwindigkeit, bis die zunehmende Zentrifugalkraft der Sonnenanziehung das Gleichgewicht hält; dann sind die Bedingungen der Kreisbahn erfüllt, ein Nebelring hat sich gebildet.

Dichtere Kerne in dieser grossen Nebelmasse drehen sich in Folge des Stosses, als ob sie auf einer Linie innerhalb der Bahnlinie rollten. Es sind die Anfänge einer Planetenbildung. Ein solcher Kern vermehrt ununterbrochen seine Masse durch Aufnahme aller Nebelteilchen, die in seine Nähe kommen, ein Process, der heute noch in geringem Maasse fortzudauern scheint.

Zur Drehung des Planeten in der genannten Richtung mag vielleicht noch weiter beitragen, dass alle von aussen sich anschliessende Teile eine grössere Geschwindigkeit mitbringen, als die übrigen.

Nach dieser Hypothese war der Jupiter z. B. eine umlaufende Gasmasse in mehr als zehnfacher Entfernung wie jetzt, mit nur 1 km Geschwindigkeit. Durch die Abkühlung wurde sie kosmischer Staub und näherte sich dann der Sonne immer mehr, bei fortlaufender steigender Umlaufgeschwindigkeit, bis diese auf 12 km, ihre jetzige Grösse, gestiegen und damit das Gleichgewicht zwischen Anziehung und Zentrifugalkraft erreicht war.

Der gleiche Process vollzog sich dann auf dem Jupiter selbst, es bildeten sich Monde in der eben erwähnten Weise.

Das charakteristische der Bewegung liegt darin, dass die Planeten der Verdichtung des Zentralkörpers nur bis zu einer bestimmten Annäherung folgten, in grösserer oder kleinerer Entfernung zurückblieben.

Man liest öfter den Ausdruck, „die Planeten haben sich von dem Zentralkörper abgelöst". Der Ausdruck veranlasst durch Zweideutigkeit falsche Vorstellungen.


Ein Körper, der aus sehr grosser Entfernung auf die Sonne stürzt, hat an jeder Stelle seines Weges eine bestimmte

Quantität der Bewegung (lebendige Kraft). Die Hälfte derselben entspricht der Kreisbahn an dieser Stelle.

An der Sonnenoberfläche z. B. hätte der betreffende Körper, wie erwähnt, 610 k m Geschwindigkeit. Seine Quantität der Bewegung (lebendige Kraft) pro Masseneinheit betrüge also $^1/_2 \cdot 610\,000^2$.

Wenn derselbe Körper die Hälfte davon, also $^1/_4 \cdot 610\,000^2$ tangential zur Sonnenoberfläche besitzt, dann ist gerade die Bedingung für Kreisbahn an dieser Stelle erfüllt, entsprechend einer Geschwindigkeit des umlaufenden Körpers von 432 km.

Bei kleinerer Geschwindigkeit liegt seine Bahn innerhalb des Sonnenumfangs, und er vereinigt sich mit ihr.

Das Gleiche gilt für jede Nebelmasse, die an dieser Stelle eine geringere Geschwindigkeit hat.

Für jede Nebelmasse mit bestimmter Umlaufgeschwindigkeit in bestimmter Entfernung vom Sonnenmittelpunkt kann man angeben, in welcher Entfernung vom Centrum sie einen Ring oder, wenn sie einen dichteren Kern hat, einen Planeten bildet, oder ob ihre Umlaufgeschwindigkeit zu beiden nicht ausreicht und sie sich in Folge dessen mit dem Zentralkörper vereint. Das Flächengesetz (Regel 33) giebt darüber Aufschluss. Bekommt ein Nebelring, bei seiner Annäherung an die Sonne, unmittelbar vor der Vereinigung die Umlaufgeschwindigkeit von 432 km, so ist damit die Grenze seiner Annäherung erreicht, er kreist um die Sonne an ihrer Oberfläche. Ist sie kleiner, vereinigt er sich mit der Sonne. Man kann diese Beziehung allgemein in folgender Weise ausdrücken. Bedeute y die Entfernung eines Nebelringes oder auch eines beliebigen Körpers vom Sonnenmittelpunkt in Sonnenradien, v die Umlaufgeschwindigkeit des Rings oder, wenn es sich um einen kosmischen Körper handelt, dessen Geschwindigkeit senkrecht zum Leitstrahl. Ist v kleiner als $\dfrac{432}{y}$ km, so findet Vereinigung statt, wenn grösser, ist das nicht der Fall.

In wenig veränderter Form gilt dieselbe Regel für jeden Körper, der sich in dem Anziehungsbereich der Sonne bewegt. Wenn die Bahn eines Körpers um die Sonne der Art ist, dass seine Geschwindigkeit in der Sonnenferne kleiner ist, als $\frac{432}{y}$, so stürzt er auf die Sonne, wenn grösser, geht er vorbei.

Wenn also z. B. die elliptische Bahn eines Meteoriten bis zum Neptun reicht, 6000 Sonnenradien weit, und seine Geschwindigkeit an dem dortigen Scheitel der Bahn beträgt nicht mehr als $^{432}/_{6000} = ^{1}/_{16}$ km, so stürzt er auf die Sonne.

Wenn ein kleiner Körper durch die Sonnenatmosphäre geht, wird er immer eine so bedeutende Verzögerung seiner Quantität der Bewegung erleiden, dass damit sein Schicksal entschieden ist.

Aehnliche Schlussfolgerungen gelten auch für die Bahn der Meteoriten um die Planeten und lassen sich daraus interessante Anhaltspunkte gewinnen über das Zahlenverhältniss der Meteore, die von den einzelnen Massenzentren abgefangen werden.

Ist umgekehrt bei einem um die Sonne laufenden Meteoriten seine Geschwindigkeit v in der Sonnenferne bekannt, so muss diese Geschwindigkeit grösser als $\frac{432}{v}$ km sein, sonst vereint er sich mit der Sonne.

Wir haben oben der umlaufenden Gasmasse nach ihrer vollen Ausdehnung eine Durchschnittsgeschwindigkeit von 1 km beigelegt. Diesen Wert eingesetzt, ergiebt sich y = circa 432. Also aller kosmischer Staub innerhalb der Entfernung von 432 Sonnenradien hat sich in diesem Fall wieder mit dem Zentralkörper vereint, und die Planeten bildeten sich aus den Massen in grösserer Entfernung vom Sonnenmittelpunkt. Merkur z. B. hat einen Abstand von 82 Sonnenradien und eine Umlaufgeschwindigkeit von 47 km. Der Flächensatz (Regel 33) sagt, dass ein Leitstrahl vom Sonnenmittelpunkt nach diesem Planeten in einer Secunde jetzt die gleiche Fläche beschreibt, wie damals, als er nur ein dichterer Kern in einem Nebelring war. Nimmt man die Umlaufgeschwindigkeit dieses Kerns, wie oben, zu 1 km an, so hat man folgende Gleichung zwischen den Inhalten der beiden vom Leitstrahl beschriebenen Flächen:

$$\frac{47 \cdot 82 \cdot 692\,500}{2} = \frac{1 \cdot y \cdot 692\,500}{2}$$

692 500 km ist die Grösse des Sonnenradius, y bedeutet die damalige Entfernung des Planeten von der Sonne. Folgt deren Grösse = y = 3854 Sonnenradien, etwa 50 mal grösser, als jetzt.

Analog findet man, dass der Kern des Jupiter, der jetzt circa 1000 Sonnenradien Abstand vom Sonnenmittelpunkt hat, damals circa 12 000 hatte.

Die entsprechenden Zahlen für den Neptun sind 6000 und 32 000. Mit letztgenannter Zahl ist die wahrscheinliche Ausdehnung des Nebelballes bezeichnet, aus dem sich unser Planetensystem gebildet hat.

Mit diesen Zahlenangaben soll selbstverständlich nur angedeutet werden, wie man sich eine solche Vereinigung zweier Weltkörper vorzustellen hat. Eine weitere Bedeutung haben sie nicht.

Die Complicirtheit des ganzen Vorgangs macht eine erschöpfende Erklärung unmöglich; es treten dabei Combinationen ein, die nie mehr enträtselt werden können. Wenn sich z. B. nachträglich zwei Planeten vereinen, müssen ganz veränderte Axen und Mondstellungen entstehen (Neptun, Uranus).

Meistens ist es bedeutend schwerer, von einer Wirkung auf die Ursache zu schliessen, wie es hier gefordert wird, als umgekehrt von der Ursache auf die Wirkung. Wir sprechen davon später.


Die unermessliche Mannigfaltigkeit kosmischer Gebilde ist die Folge ihrer Entstehung durch Vereinigung. Wenn zwei solche Körper sich nur streifen, entsteht der Doppelstern mit langgestreckter Bahn; wenn sie sich gleich vollständig vereinigen, geht um so mehr von ihren Quantitäten der Bewegung in Drehung über, je excentrischer der Stoss. Ungleiche Massen geben Planeten und Ringe; annähernd gleiche Massen geben Nebelringe ohne Zentralkörper.

Wenn der Stoss mehr central erfolgt, entsteht der einfache langsam sich drehende Nebelball, der seinen Durchmesser fortlaufend vermindert, sich an seiner Oberfläche verdichtet, eine Hohlkugel bildet, deren Inneres mit hoch gespannten glühenden Gasen gefüllt ist.*)

Die meisten Fixsterne, mehrere Planeten und auch die Sonne sind wahrscheinlich von dieser Form. Viele Erscheinungen, die wir auf letzterer beobachten, sind bei dieser Annahme leichter zu erklären.

Die Flecken sind Öffnungen, aus welchen die Gase des Inneren in Folge der Abnahme des Durchmessers ausströmen. Dunkel sind sie, weil glühende Gase mehr Wärme und wenig Licht aussenden, im Gegensatze zu glühendem Nebel und Staub, der mehr Licht als Wärmewellen erzeugt. In diese verwandeln sich die Gase zum Teil nach dem Ausströmen, indem sie zugleich chemische Verbindungen eingehen; das sind die Fackeln und die wolkenartigen Protuberanzen. Die strahlenartigen verdanken ihre Entstehung vielleicht einfallenden Meteormassen.

Diese Annahmen zugegeben, müssen die Flecken mehr Wärme ausstrahlen, als die übrigen Teile der Sonne. Das wäre zu prüfen.

Wärme und Licht der Sonne hätten demnach eine dreifache Quelle, die Verdichtung der ganzen Masse, ihre chemischen Verbindungen und einfallende Meteormassen.

Die Zahl der letzteren beträgt viel hundertmillionenmal mehr, als auf der Erde. Die Masse der Sonne ist 300 000, ihre Oberfläche 10 000 mal grösser und dieselbe Massenquantität eines Meteors erzeugt 200 mal mehr Wärme (35).

Es hat ein gewisses Interesse, sich vorzustellen, wie sich die Vereinigung eines kleineren Weltkörpers mit der Sonne (Seite 54) jetzt bei uns etwa abspielen würde; der Leser wird diese kleine Unterbrechung gewiss entschuldigen.

Ein Körper von der Grösse des Jupiter würde wohl schon in Uranusweite von irgend einem Beobachter entdeckt werden und die Ankündigung eines neuen Kometen in allen Zeitungen

---

*) Kritiker haben diese Darlegungen für Phantasiegebilde erklärt. Im Interesse der Wissenschaft möchte ich die Herren fragen, auf welche andere Weise die kosmischen Gebilde entstanden sein könnten; bitte nur eine einzige andere Möglichkeit zu nennen.

zu lesen sein; am Anfang werden alle den neuen Körper für einen derartigen windigen Gesellen halten, denn er zeigt nicht gleich seinen gefährlichen Charakter; wenn er aber in Fortsetzung seiner Bahn einem Planeten näher kommt und dieser seine bedeutende Masse markirt, jetzt gibt es Alarm, denn über die möglichen Consequenzen ist kein Unterrichteter im Zweifel; bis zum letzten Augenblicke wird Hoffnung sein, dass er die Sonne nicht berührt.

Der neue Körper wird aus Uranusentfernung ca. 10 Jahre bis zur Sonne brauchen; mit Angst und Grauen werden die Menschen den neuen Stern betrachten, der an Grösse bald alle anderen weit übertrifft.

Er hat in Uranusentfernung von der Sonne nur etwa 9 km Geschwindigkeit, in Erdentfernung 42,4, in der Entfernung des Merkurs 66,4 km. Von da an steigt sie rasch bis auf 610 km. Die zweite Hälfte dieser ungeheuren Quantität der Bewegung (lebendigen Kraft) erhält der Körper auf der letzten Strecke, wenn er noch einen Sonnenradius von deren Oberfläche entfernt ist, bis er auf dieser letzteren eintrifft.

Wenige Minuten nach dem Zusammentreffen ist wohl keiner, der die Sonne sieht, im Zweifel darüber, dass jetzt ein ausserordentliches Ereigniss stattgefunden hat. Zusehends verändert sich ihr Anblick; ihr Licht wird von blendender Weisse; sie verliert ihre regelmässige Gestalt, vergrössert sich von Minute zu Minute und strahlt eine Hitze aus, dass alles in Gewölbe und Keller sich flüchtet; immer drohender wird die Lage, die ganze Atmosphäre gerät in Aufruhr, Sturm und Gewitter von nie gesehener Heftigkeit brausen über die Erde, bald steht kein Haus, kein Baum mehr; alle Wälder fangen zu brennen an, ganze Erdteile mit Rauch bedeckend. Die Abkühlung der Nacht bringt Wolkenbruch auf Wolkenbruch, das ganze Festland mit reissenden Fluten bedeckend, die sich dem Meere zuwälzen.

Es wird wohl keines Menschen Auge den nächsten Morgen anbrechen sehen.

Endlich steigt die Sonne wieder im Osten empor, ein weissglühender Feuerball von 20 fachem Durchmesser wie früher, der sich fortlaufend vergrössert. Bald erreichen die sich ausbreitenden glühenden Gase unseren Planeten, stürmen mit einer Geschwindigkeit von hunderten von Kilometern über seine Oberfläche, alle Luft, alles Wasser, alle Erde bis auf den nackten Fels mit sich fortreissend; dieser fängt zu glühen an, unter Donnerschlägen und Erdbeben steigt und sinkt die Oberfläche, spaltet sich auf hunderte von Meilen, die glühenden Laven des Innern der Erde brechen hervor, zum Zeichen, dass sie diesem Sturme nicht lange Stand halten kann.

Noch immer geht die gewaltige Masse in wenig veränderter Weise ihre vorgeschriebene Bahn, von den glühenden Gasen umspielt, und die Katastrophe muss wohl von einem grösseren Massenzusammenstoss ausgehen, wenn sie ganz zerstört werden soll; so wird sie ihn wohl überdauern, denn der Sturm der Gase dauert nur wenige Tage; dann beginnt die rückläufige Bewegung. Langsam schreitet, von den Grenzen ausgehend, die Abkühlung nach innen, und die Planeten sind, wenn sie sich erhalten haben, die natürlichen Vereinigungspunkte für die sich verdichtenden Massen, die allmählich meilenhoch alles bedecken, was vielleicht noch an die früheren Bewohner erinnern könnte. Ein neuer Lebensprocess beginnt, eben so viele Millionen Jahre in Anspruch nehmend, als sie der jetzige gefordert hat.

In ähnlicher Weise ist, wie erwähnt, unser Planetensystem entstanden und man kann sich der Ansicht nicht verschliessen, dass ihm weitere ähnliche Umwälzungen bevorstehen. Diese sind durch lange Zeiträume von einander getrennt; wir sehen es daran, dass trotz der Millionen von Fixsternen doch in zehn Jahren kaum mehr als ein Aufleuchten eines solchen beobachtet wird; dieses ist möglicher Weise eine derartige Katastrophe.

Die Sonne hat wohl schon öfter vor der jetzigen Planetenbildung ähnliches durchgemacht. Ihre kolossale Masse deutet darauf hin, auch die Abweichung ihrer Drehungsebene von der Ekliptik.

Seit der jetzigen Planetenbildung hat schwerlich ein bedeutender Vorgang dieser Art stattgefunden. Das Gebäude ist zu regelmässig, um diesen Gedanken zu unterstützen. Ein kleineres Ereigniss dieser Art war wohl die deukalische Flut.

Vielleicht ist damals der viel gesuchte Planet zwischen Merkur und Sonne in letztere gestürtzt, ein Loos das vielleicht in sehr grossen Zeitabschnitten allen Planeten bevorsteht. Ein derartiger Zusammenstoss hat jedoch nicht die furchtbare Wirkung wie der oben beschriebene; nicht nur ist die Masse der einzelnen Planeten, mit Ausnahme des Jupiter, viel kleiner, als wir sie oben angenommen haben, auch abgesehen davon, die Quantität der Bewegung eines Körpers, der sie dicht an der Oberfläche umkreist und seine Bahn in ca. drei Stunden vollendet, beträgt nur die Hälfte der Quantität der Bewegung eines gleichen Körpers, der aus dem Weltraum kommt; ebenso viel kleiner ist auch die entstehende Wärmemenge.

Die Behauptung, dass in langen Zeitepochen alle Planeten auf die Sonne stürzen, findet ihre Stütze in der Annahme eines widerstehenden Mittels, in dem sie sich bewegen. Wir haben keine Kenntniss, wie weit die Sonnenatmosphäre in den Raum hinausreicht. Man muss die Wahrscheinlichkeit einer Verzögerung zugestehen.

Einen ähnlichen, wenn auch sehr schwachen, Einfluss üben auch die fortlaufend einfallenden Meteormassen.

Das Aufleuchten eines Fixsternes wäre dann meistens nur die Vereinigung von Planeten mit dem Zentralkörper, eine Fortsetzung der Verdichtung des kosmischen Gebildes.

Die seltsamen Unregelmässigkeiten in der Bahn des Merkur z. B. können Folgen der Sonnenatmosphäre sein; die ersten Anzeichen, dass die Jahre dieses Planeten gezählt sind. So klein er ist, seine Masse beträgt nur circa $\frac{1}{20}$ der Erdmasse, die Vereinigung mit der Sonne könnte doch dem Menschengeschlecht sehr verhängnissvoll werden. Es ändert nichts daran, dass man die Katastrophe wohl Jahrhunderte vorher kommen sehen wird.

Zusammenstösse mächtiger Zentralkörper erfolgen in demselben Verhältnisse seltner, als diese geringer an Zahl sind; ihre Wirkung ist auch viel umfassender; sie erzeugen Nebel und glühende Gasmassen von unermesslicher Ausdehnung, deren erneuter Zusammenschluss Millionen von Jahren beansprucht. Dabei ist anzunehmen, dass grosse Massen sich ganz ablösen, in den Bereich anderer Zentralkörper übergehen, oder neue Weltkörper bilden.

Sogar völlige Zersprengung ist nicht ausgeschlossen; um so wahrscheinlicher ist diese, je grösser die zusammentreffendeu Massen sind. Alle Teile der beiden Massen, die sich so weit vom gemeinsamen Schwerpunkt entfernen, dass die Anziehung anderer Weltkörper überwiegt, trennen sich für immer von der Verbindung.

Der Ring schliesst sich; Welten vergehen und aus ihren Trümmern entstehen neue Welten im Lauf der ewig fortschreitenden Zeit.

Man wird kaum in Abrede stellen, dass diese Hypothesen mit den Thatsachen gut im Einklang stehen.

---

# V. Kapitel.

## A. Die chemischen Kräfte, die Molekularkräfte.

(Nur einige der einfachsten und wichtigsten Gesetze mögen erwähnt werden.)

Man kennt bis jetzt über 70 Arten von sogenannten Grundstoffen oder Elementen; so nennt man die Körper, welche auf keine Weise chemisch weiter zerlegt werden können. Sie sind durch bestimmte Eigenschaften scharf von einander getrennt und, soweit wir bis jetzt aus der Erfahrung urteilen können, unveränderlich, von ewiger Dauer.

Aus diesen Grundstoffen und ihren zahllosen chemischen und molekularen Verbindungen besteht die wägbare Körperwelt.

Von diesen Elementen sind bei gewöhnlicher Temperatur 63 fest, 2 flüssig, 6 gasförmig.

Die Grundlage der verschiedenen Elemente ist das verschiedene unveränderliche Gewicht ihrer Atome. So wiegt z. B. eine bestimmte Anzahl Atome Gold 197 mal mehr, als die gleiche Anzahl Atome Wasserstoff. Die Zahlen, welche dieses Verhältniss bei den verschiedenen Elementen angeben, nennt man die Atomgewichte; dabei ist Wasserstoff gleich 1 gesetzt. Das Atomgewicht des Schwefels z. B. ist 32,06; das heisst also, ein Atom dieses Elementes ist 32,06 mal schwerer als ein Atom Wasserstoff, und der Körper, bei dem dieses Verhältniss stattfindet, ist Schwefel.

Man hat nun die Elemente nach ihren Atomgewichten geordnet, wobei mehrere ganz unerwartete unerklärbare Verhältnisse zu Tage getreten sind. Bei dieser Reihenfolge ist das 1. dem 8., das 2. dem 9., das 3. dem 10. u. s. w. am ähnlichsten. Mit dem 15. beginnt die Reihe von neuem; das 1. ist dem 15. noch ähnlicher als dem 8., das 2. dem 16. noch ähnlicher als dem 9. u. s. w. Je sieben zusammengehörige Elemente heissen eine kleine, je 14 eine grosse Periode. Doch springen einige Elemente ganz aus der Reihe.

Die chemischen Kräfte verbinden verschiedenartige und auch gleichartige Atome in zahllosen Kombinationen zu sogenannten Molekülen, kleinsten Teilen; in diesen ist das einzelne Atom nicht mehr unmittelbar erkennbar; die Verbindung hat meistens wesentlich andere Eigenschaften, als ihre Teile, die Atome.

Man möchte sagen, in einer chemischen Verbindung sind die Atome mit einander multiplicirt; dabei ändert sich die Qualität, im Gegensatze zur Addition, wo keine neuen Eigenschaften zur Geltung kommen; nur die Quantität ändert sich nicht.

Das Produkt aus einer Linie und einer Fläche z. B. stellt einen Körper dar, etwas ganz anderes, als die beiden Faktoren; hier findet also eine ähnliche Umwandlung statt.

Im Wasser z. B. sind seine beiden Bestandteile, zwei Gase, der Wasserstoff und der Sauerstoff, nicht mehr erkennbar, es ist ein Körper von ganz anderen Eigenschaften.

Wenn die Atome Wasserstoff und Sauerstoff sich in Folge ihrer gegenseitigen Anziehung (Affinität) vereinigen, geht freie Kraft in Wärme über, wie bei der Vereinigung von Weltkörpern, es entsteht Vibration der kleinsten Teile, um so lebhafter, je stärker die gegenseitige Anziehung, je mehr Kraft demnach in Wärme übergeht, so dass diese ein annäherndes Maass für die Festigkeit der chemischen Verbindung ist. Um diese zu trennen, wird die gleiche Wärmemenge erfordert.

Wenn z. B. ein Atom Kohle sich mit zwei Atomen Sauerstoff zu einem Molekül Kohlendioxyd (Kohlensäure), einem Gase, verbindet, so entsteht dadurch eine bestimmte Wärmemenge, ganz gleichgültig, ob dieses Atom in einem Stück Holz oder in einer Kohle, oder sonst in einer Verbindung sich befindet, ob die Vereinigung durch Verbrennung an der Luft, oder durch langsame Vermoderung oder durch Explosion in einem Pulvergemenge vor sich geht, aber dieses Resultat wird bedeutend beeinflusst durch die verschiedenen Veränderungen der Aggregatzustände und die Lösung anderer Verbindungen, die damit zusammenhängen, und in der sogenannten Wärmetönung auch zur Geltung kommen.

Der Uebergang aus dem gasförmigen in den flüssigen und aus diesem in den festen Zustand ist ebenfalls eine Verdichtung, wie die chemische Verbindung und wird auch hier sogenannte latente Wärme frei und im umgekehrten Process verbraucht.

Meistens sind mit chemischen Veränderungen auch Zustandsveränderungen verknüpft.

Die Menge der bei irgend einem chemischen Vorgang entwickelten Wärme ist das Maass der gesammten dabei geleisteten chemischen und physikalischen Arbeiten. (Berthellot 1879.)

Ein Hauptsatz der Thermochemie!

Sehr wichtig ist auch folgendes Gesetz:

Bei Atomen in festem Zustande ist zur Erhöhung einer gleichen Atomzahl um gleich viel Wärmegrade die gleiche Wärmemenge nötig. (Dulong u. Petit 1819.)

Das Atomgewicht des Schwefels ist 31,1, das des Bleis 206,9; in 31,1 Kilo Schwefel sind also ebensoviel Atome, als in 206,9 Kilo Blei. Um diese beiden verschiedenen Massen z. B. von 10° auf 60° zu bringen, ist gleich viel Wärme nötig.

Gleich viel Molekeln der verschiedenen Gase haben bei gleicher Temperatur und gleichem Druck ein gleiches Volum. (Avogadro 1811).

Gleiche Aenderung des Drucks oder der Temperatur hat demnach bei allen Gasen gleiche Aenderung des Volums zur Folge.

Das erste Gesetz für die chemischen Verbindungen ist das der ganzzahligen Verhältnisse (Dalton 1803).

Man bezeichnet die Atome mit den Anfangsbuchstaben ihrer lateinischen Namen und damit zugleich ein bestimmtes Gewichtsquantum des betreffenden Körpers seinem Atomgewicht entsprechend. So bedeutet z. B. $CH$ in chemischer Zeichensprache 12 Gewichtsteile Kohlenstoff (Carbonium, Atomgewicht 12) verbunden mit 1 Gewichtsteil Wasserstoff (Hydrogenium, Atomgewicht 1). Ferner bedeutet $C_4H_{10}$ eine Verbindung von 4 Atomen Kohlenstoff mit 10 Atomen Wasserstoff, das sind $4 \cdot 12 = 48$ Gewichtsteile Kohlenstoff verbunden mit $10 \cdot 1$ Gewichtsteilen Wasserstoff (Butan).

Durch diese Schreibweise wird also nicht nur angegeben, welche Bestandteile eine Verbindung enthält, sondern auch, in welchem Gewichtsverhältniss sie zu einander stehen.

**Die Daltonsche Regel sagt, dass die eben erwähnten, den Atomen in ihren Verbindungen beizufügenden Zahlen in der anorganischen Chemie immer niedere ganze Zahlen sind.**

Die Atomgewichte sind natürlich nur Verhältnisszahlen. Dabei ist das des Wasserstoffs gleich 1 angenommen, wie erwähnt.

Die Mannigfaltigkeit der chemischen Verbindungen ruht darauf, dass sie einesteils unter einander in verschiedenen Verhältnissen sich verbinden und ferner, dass in jeder Verbindung ein oder mehrere Atome oder Moleküle abgesprengt und durch andere ersetzt werden können (Substitution).

Von allen Elementen ist der Wasserstoff der stärkste; von jedem andern braucht man einen grösseren Gewichtsteil, wenn man mit einem andern Element eine gesättigte Verbindung herstellen will. Das Atomgewicht des Goldes z. B. ist 197,22; das heisst, wenn ein Atom Wasserstoff in irgend einer Verbindung durch ein Atom Gold vertreten werden soll, müssen für jedes Gramm Wasserstoff 197,22 gr Gold eintreten. Eine andere Frage ist, ob die neue Verbindung überhaupt möglich ist.

Die Verschiedenheit der Elemente ruht auf ihren Unterschieden im Atomgewicht. Je kleiner dieses, desto stärker ist in der Regel die Neigung, mit andern Stoffen eine Verbindung einzugehen. Die edlen Metalle haben alle ein sehr grosses Atomgewicht; es ist die Ursache ihrer Beständigkeit.

Man teilt die Elemente ein in Metalloide, es sind 14, und Metalle, es sind 58, doch ist die Grenze zwischen beiden sehr unbestimmt. Zu ersteren rechnen vorzugsweise die Elemente mit kleinem Atomgewicht, also grosser chemischer Energie. Sie sind alle specifisch leicht, meistens Gase oder Flüssigkeiten, und leiten die Elektricität schlechter als die Metalle. Sie bilden, mit anderen Metalloiden verbunden, vorzugsweise Säuren, meistens Flüssigkeiten oder Gase mit saurem Geschmack, die das blaue Lakmuspapier rot färben.

Die Metalle sind, mit Ausnahme des Quecksilbers, alle feste Körper, meistens mit hohem specifischen und Atomgewicht, dann, wie erwähnt, wenig geneigt, sich mit anderen Körpern zu vereinigen.

Je grösser das Atom oder Molekulargewicht eines Körpers, desto eher darf man erwarten, dass es ein fester Körper ist.

Je grösser das specifische Gewicht eines Elementes, desto grösser ist meistens auch sein Atomgewicht.

In beiden Richtungen kommen Ausnahmen vor und ein Gesetz ist nicht erkennbar.

Das wichtigste Gesetz für die chemischen Wechselwirkungen ist das folgende:

Wenn die Lösungen zweier Salze mit einander vermischt werden und es kann, bei wechselseitigem Umtausch der Säuren, eine unlösliche Verbindung entstehen, so findet dieser Umtausch statt.

Bekannt ist z. B., dass Chlorsilber eine in Wasser unlösliche Verbindung ist. Kochsalz ist eine Verbindung von Natrium und Chlor; salpetersaures Silberoxyd ist eine Verbindung von Salpetersäure und Silberoxyd. Wenn man zwei Lösungen von diesen beiden Salzen zusammenschüttet, vertauschen die Säuren die Basen, es entsteht ein weisser unlöslicher Niederschlag von Chlorsilber, und salpetersaures Natron bleibt in Lösung. Auch ohne den Versuch gemacht zu haben, kann man das aus obiger Regel schliessen.

Das oben genannte Gesetz findet bei allen Analysen und chemischen Processen die ausgedehnteste Anwendung. Bei allen chemischen Processen ist die Neigung vorherrschend, unlösliche Verbindungen zu bilden.

Die Gesteinsarten der Gebirge sind meistens Kombinationen von unlöslichen Verbindungen. Nur wenige von ihnen kann man künstlich nachmachen.

Die anorganische Chemie beschäftigt sich mit den Verbindungen aller Elemente. Ihre Mannigfaltigkeit entsteht durch die grosse Zahl dieser letzteren.

Das Gebiet der organischen Chemie umfasst die Kohlenwasserstoffverbindungen, alle dadurch gekennzeichnet, dass sie schon durch Glühhitze zerstört werden. Die Trennung dieser beiden Gebiete rechtfertigt sich dadurch, dass letztere allein nach tausenden zählen. Oft sind dabei auch Sauerstoff, Stickstoff oder andere Metalloide, seltener Metalle, beteiligt. Die unbegrenzte Mannigfaltigkeit dieser Verbindungen entsteht durch die erwähnte Substitution, den Ersatz eines Elementes oder Moleküls in einer chemischen Kombination durch ein anderes, wodurch immer Körper mit anderen Eigenschaften entstehen.

Zahllose Körper dieser Art finden sich in den Organismen. Sehr viele sind untersucht und man kennt die Atome nach Art und Zahl, aus welchen sie bestehen, das ist ihre sogenannte empirische Formel. Bei sehr vielen kennt man noch weiter ihre sogenannte Konstitutionsformel, das heisst, man weiss, zu welchen Molekülen die Atome in diesen Körpern verbunden sind. Zwei Stoffe können ganz gleiche empirische Formel und doch ganz verschiedene Eigenschaften haben, wenn die Atome in den Molekülen verschieden angeordnet sind. Von den hierher gehörigen Naturprodukten kann man sehr viele synthetisch, das heisst durch künstliche chemische Kombination, herstellen, aber bei vielen ist das bis jetzt nicht gelungen.

Sehr viele Verbindungen kennt man, die sich in der Natur nicht finden; manche, die sich dort finden, haben eine sehr complicirte, schwer zu erklärende Zusammensetzung, z. B.

die Albumine (Eiweisskörper); es sind die wesentlichen Bestandteile der tierischen Organismen.

Wie wiederholt erwähnt, die Grundlage der Elemente und damit auch die Grundlage für alle chemischen Verbindungen ist eine bestimmte, in den verschiedenen Atomen verschiedene Quantität kosmischer Anziehung; so lautet wenigstens die nächstliegende Annahme. Wie diese zu Stande kommt, also die verschiedenen Elemente entstehen, ob sie nicht durch sehr grosse Hitze noch weiter zerlegbar sind, das ist das grosse Rätsel der Chemie. Im Innern der Sonne und der Fixsterne hätte man dann diese weiteren Elementarstoffe zu suchen und die jetzigen Elemente entstünden erst an den weniger heissen Oberflächen. Die Frage wird dadurch noch bedeutungsvoller, als Thatsachen die Annahme fordern, dass in jedem der verschiedenen Atome eine verschiedene und grosse Menge Elektricität concentrirt ist. Man kann sich nicht denken, dass diese in der erwähnten Frage keine Rolle spielt.

Noch zeigt sich kein Weg in dieses rätselvolle Dunkel, und wir sind widerwillig gezwungen, die Elemente, trotz ihrer scheinbar launenhaften Eigenschaften, als unbegreifliche urwirkende Kräfte gelten zu lassen, die´ auf keine Ursache zurückgeführt werden können, ähnlich der ebenso unbegreiflichen kosmischen Anziehung.

Eine andere nicht minder bedeutungsvolle Frage ist: Welche Verbindungen können sich bilden und welche Eigenschaften haben diese?

Kann sich z. B. ein Atom Silber mit einem Atom Wasserstoff (beide sind einwertig) verbinden? Wenn ja, was giebt das für einen Körper? Daran schliesst sich unmittelbar die Aufgabe, ihn herzustellen.

In letztgenannter Beziehung ist die längst bekannte Regel, die Grundstoffe im Augenblick des Freiwerdens aus einer andern Verbindung (in statu nascendi) auf einander wirken zu lassen. Es gehört aber trotzdem sehr oft grosser Scharfsinn und Ausdauer dazu, die Kombination richtig zu treffen.

Ueber die Möglichkeit der Entstehung und die zu erwartenden Eigenschaften einer Verbindung sind ebenfalls eine Menge empirischer Gesetze bekannt. Wir nennen z. B. die erwähnte Neigung zur Bildung unlöslicher Verbindungen oder, dass alle salpetersauren, ebenso die essigsauren Salze, ebenso alle Alkalisalze in Wasser löslich, beinahe alle kieselsauren und alle Verbindungen des Schwefels mit Metallen in Wasser unlöslich sind; oder weiter, dass die Verbindungen des Stickstoffs sich sehr oft durch ganz besondere Eigenschaften bemerkbar machen, giftig, oder explosiv, oder durch schöne Farbe ausgezeichnet sind etc., aber ein Zusammenhang zwischen all diesen und ähnlichen Regeln ist nicht zu erkennen.

Welch weites Feld für unsere Forschungen eröffnet sich den Blicken. Die eminenten Erfolge der Termochemie in den letzten 30 Jahren lassen auch auf dem vorher genannten Gebiete weitere grosse Entdeckungen erwarten.

Die charakteristische Eigenschaft der Naturwissenschaften ist, dass sie immer neue weiter reichende Aufgaben stellen.

## B. Der Aether.

Auf dem Gebiet, von dem wir jetzt sprechen wollen, öffnet sich eine neue Welt.

Der ganze Raum, auch der, wo Körper sich befinden, ist von einer ausserordentlich feinen Materie erfüllt, die man Aether nennt. Der Name ist nicht glücklich gewählt, da man auch bestimmte Flüssigkeiten so nennt, die mit dem Aether im Weltall gar keine Aehnlichkeit haben.

**Dieser hat kein Beharrungsvermögen**, bietet also der Bewegung anderer Körper kein Hinderniss.

**Er folgt der kosmischen Anziehung nicht**, hat also kein Gewicht und keine Masse.

Es sind keine Thatsachen bekannt, die auf eine Ortsveränderung des Aethers in gewöhnlichem Sinne schliessen lassen. Man weiss nicht, ob ein einzelnes Raumteilchen desselben seinen Ort im Raum unverändert beibehält oder nicht. Die meisten Autoren nehmen jedoch an, dass der Aether in einem Körper sich mit diesem bewegt.

Er ist in ununterbrochener Wellenbewegung und jedes Partikelchen nimmt gleichzeitig Teil an zahllosen Wellen der verschiedensten Länge und Richtung.

Die Geschwindigkeit, mit der diese sich fortpflanzen, ist im luftleeren Raum bei allen gleich gross und beträgt 300000 km in der Secunde.

In der Luft ist sie sehr wenig geringer; bedeutender ist die Abnahme in durchsichtigen Körpern (Wasser, Glas etc.): da ist sie auch bei verschiedenen Wellenlängen verschieden. Die längeren Wellen, die also langsamer schwingen, die sogenannten ultraroten Strahlen, verlieren am wenigsten: es sind die der strahlenden Wärme, die nicht sichtbar sind.

Erwärmt man einen Körper, z. B. eine Eisenkugel, in völliger Dunkelheit, so entstehen zuerst die eben erwähnten ultraroten unsichtbaren Wellen der strahlenden Wärme. Mit steigender Temperatur kommen immer kürzere raschere Wellen dazu; erst wenn die Wellen mehr als viermal kürzer sind, sich also mehr als viermal rascher folgen, fängt die Kugel an, rothes Licht auszustrahlen, sie glüht. Mit weiterer Temperaturzunahme werden immer raschere Wellen dazu erzeugt, die gelbem und blauem Licht entsprechen, bis die Schwingungszahl fünfmal so gross ist, wie am Anfang; die Kugel sendet jetzt bei circa 1200° weisses Licht aus, das ist Licht gemischt aus allen Farben und allen Wellenlängen, denn jeder Farbe entspricht eine bestimmte Wellenlänge. Dazu kommen jetzt noch weitere, nur sehr schwach beleuchtende noch kürzere Wellen, die ultravioletten, die im Verein mit den kürzesten leuchtenden, den blauen, die chemisch wirksamsten Strahlen sind, während die gelben und roten diese Eigenschaft in geringerem Grade haben.

In der Musik bezeichnet man den Unterschied zweier Töne als eine Oktave, wenn sich die Schwingungszahlen wie 1 : 2 verhalten. In analogem Sinne kann man sagen, die Wellen des Aethers, welche auf wägbare Massen Wärme, Licht und chemische Veränderungen hervorrufen, umfassen sechs Oktaven; lebhaftes Licht entsteht nur durch Wellen der fünften Oktave, ganz schwaches Licht auch noch durch die Wellen der sechsten Oktave, welche am stärksten chemisch wirken und die kürzesten sind.

Die erwähnten Wellen sind alle transversal, das heisst, sie schwingen senkrecht zur Bewegungsrichtung, wie die Wellen bei einem langen gespannten Seil. Im Gegensatz dazu schwingen die Schallwellen longitudinal, das heisst in der Bewegungsrichtung.

Andere ähnliche Aetherwellen entstehen bei elektrischen Vorgängen. Mit Elektricität bezeichnet man die Ursache einer grossen Zahl der überraschendsten Erscheinungen in der Körperwelt. Man denkt sich diese als eine Art Flüssigkeit, ähnlich dem Aether, gewichtlos und ohne Masse.

### Erste Hypothese.

Diese nimmt zwei solche Fluida an, die sich gegenseitig anziehen, für gewöhnlich in gleicher Menge in den Körpern vorhanden sind, sich dann neutralisiren und keine Wirkung zeigen.

Alle Körper ziehen sowohl die positive als negative Elektricität an.

Dagegen stossen sich die kleinsten Teile gleichartiger Elektricität gegenseitig ab.

Die Folge ist, das zwei Körper, jeder mit einem Ueberschuss gleichartiger Elektricität geladen, sich gegenseitig abstossen, bei ungleichartiger sich anziehen.

Diese Anziehung und Abstossung folgt demselben Gesetz, wie die Massenanziehung, insoferne ihre Intensitäten sich verkehrt wie die Quadrate der Entfernungen verhalten.

Die Gesammtmasse der beiden Elektricitäten in einem Körper muss man als sehr gross annehmen; weder der einen noch der anderen, noch beider, kann er vollständig beraubt werden; wir kennen nur Gleichgewichtsstörungen.

### Die zweite Hypothese.

Nach dieser giebt es nur ein elektrisches Fluidum, das jeder Körper in neutralem Zustande in bestimmter Menge enthält. Ist mehr in ihm angesammelt, so sagt man, er sei positiv, im entgegengesetzten Fall, er sei negativ geladen.

Die elektrischen Moleküle stossen sich gegenseitig ab, die materiellen Moleküle ziehen die elektrischen an. Diese Anziehung und Abstossung wirkt in der Verbindungslinie der

Moleküle und ihre Intensität steht im verkehrt quadratischem Verhältniss zur Entfernung, wie bei der kosmischen Anziehung.

Beide Hypothesen erklären die elektrischen Erscheinungen gleich gut und man kennt bis jetzt kein Experiment, welches den Entscheid für die eine oder andere geben könnte; auch die Rechnung lässt die Frage unentschieden, doch scheint sich die Waage mehr auf die Seite der zweiten Hypothese zu neigen.

Reibung, ebenso chemische Umwandlungen stören das elektrische Gleichgewicht. Die meisten Körper, vor Allem die Metalle, leiten die auf diese Weise entstehende Elektricität und die Störung gleicht sich in Folge dessen rasch wieder aus, wenn eine leitende Verbindung mit der Erde vorhanden ist. Wenn das nicht der Fall, wie z. B. bei einer Metallkugel mit Glasständer, dann kann die Elektricität in einem solchen Körper (Kondensator) angesammelt werden.

Anderseits giebt es auch sehr viele Körper, die sie schlecht oder beinahe gar nicht leiten. Dahin gehören die festen durchsichtigen Körper, die meisten reinen Flüssigkeiten, die Gase und der Aether. Absolut nichtleitend ist wahrscheinlich kein Körper.

Elektrische Störungen in Nichtleitern brauchen zum Ausgleich kürzere oder längere Zeit. Derartige Körper werden durch Reibung elektrisch. Sie heissen Dielektrika.

Durch Ueberleiten auf eine isolirte Metallkugel kann man, wie erwähnt, sowohl positive als negative Elektricität ansammeln, da Leiter sowohl die eine, wie die andere, jede für sich, anziehen.

Solch ein Centrum angesammelter Elektricität der einen oder anderen Art bewirkt eine Veränderung der Verteilung derselben im weiten Umkreis; es bildet sich eine neue Gleichgewichtslage, die von der Stellung des sogenannten Kondensators, von der Quantität der angesammelten Elektricität, von den Körperstellungen, Leitern wie Nichtleitern, in der ganzen Umgebung abhängt. Jede Aenderung bei einem der genannten vier Faktoren verschiebt die elektrische Verteilung bei allen beteiligten Grössen. In den Leitern entsteht eine andere Verteilung derselben, bei den Nichtleitern eine neue Verschiebung aller elektrischen Teilchen.

Wird der Kondensator einem Leiter, der mit der Erde in Verbindung steht, genügend genähert, so erfolgt der Ausgleich, es entsteht der Funke. Alle entstandenen Veränderungen springen nahezu auf den Normalstand zurück. Die entstehende Licht- und Wärmeerzeugung entspricht der freien Kraft, die nötig war, die Spannungen zu erzeugen. Dieser Funke ist übrigens eine wiederholte hin- und zurücklaufende Schwingung von ausserordentlich kurzer Dauer.

Etwas Anderes sind die elektrischen Ströme. Bei diesen wird durch chemische Wirkung fortlaufend Elektricität frei gemacht und einem Leiter, z. B. einem isolirten Kupferdraht, zugeführt, auf dessen Oberfläche sie sich mit Blitzesschnelle verbreitet und auf dem sie dann weiter geschoben wird, wobei eine gewisse Reibung und in Folge dessen Erwärmung des Leiters stattfindet. Auch hat ein solcher Strom eine gewisse Quantität der Bewegung. Wird er geschlossen oder in die Erde abgeleitet, so läuft er im Draht ohne Unterbrechung fort, so lange die Erregung dauert.

Ein solcher isolirter Strom, der z. B. in einem Kupferdraht in der Luft fortgeleitet wird, ist immer von doppelten Aetherwellen in dem Nichtleiter, der Luft, begleitet. Die Richtung der einen ist senkrecht zur Drahtrichtung; auf ihnen ruhen die elektrischen Erscheinungen, welche einen solchen Strom begleiten. Die andern umkreisen den Draht; auf ihnen ruhen die magnetischen Wirkungen desselben. Ein solcher Draht zieht einen andern an, in dem ein Strom in gleicher Richtung fliesst, stösst einen andern ab, bei dem er in entgegengesetzter Richtung fliesst; er stellt eine Magnetnadel senkrecht zu seiner Richtung. Die betreffenden Wellen sind transversal wie die Lichtwellen und ebenso ist die Geschwindigkeit, mit der sie sich fortpflanzen, annähernd die gleiche.

Diese Wellen können mit Hohlspiegeln gesammelt oder, wie die Lichtstrahlen, von Spiegeln zurückgeworfen, oder, bei dem Durchgang durch Nichtleiter, gebrochen werden, aber sie sind viel länger, reichen von einigen Centimetern bis zu vielen Metern.

Drei Ideen beherrschen zur Zeit die Untersuchungen auf diesem Gebiete.

1. Die Erwartung des Beweises, dass Aether und elektrisches Fluidum dasselbe sind.

2. Die Erwartung des Beweises, dass Licht strahlende Wärme, elektrische und magnetische Wellen alles Schwingungen dieses Aethers sind, auf welchen ihre Kraftwirkungen beruhen.

3. Die Erwartung des Beweises, dass alle Erscheinungen der erwähnten Art sich auf Nahewirkungen gründen, so dass die Bewegungen jedes Aetherteilchens nur von den Bewegungen seiner unmittelbar anstossenden Umgebung bestimmt wird, und hier keine Fernwirkung zur Geltung kommt. Die Richtigkeit des letztgenannten Satzes ist jetzt schon anerkannt.

Die letzten 20 Jahre haben auf diesem Gebiet eine Fülle neuer Thatsachen gebracht, doch die wichtigsten Entdeckungen knüpfen sich an die Namen Herz und Maxwell; ersterer hat bewiesen, dass hier sich fortpflanzende Nähewirkungen thätig sind, letzterer, dass eine mechanische Erklärung möglich ist.

## C. Allgemeine Hypothesen und Gesetze.

Gesetz: Wenn in einem geschlossenen System von Kräften weder äussere Arbeit geleistet, noch fremde Arbeit hinzugefügt wird, auch keine Energie in anderer Form (als Wärme, Licht, Elektricität z. B.) verloren geht, bleibt die gemeinsame numerische Summe der freien Kräfte und der Quantitäten der Bewegung (lebendigen Kräfte) unverändert.

Dieser Satz heisst das Princip der Erhaltung der Kraft: er ist einer der wichtigsten der ganzen Naturlehre; zahlreiche Aufschlüsse über die Naturerscheinungen verdanken wir ihm.

Ein derartiges System nennt man ein conservatives.

Das oben Gesagte gilt z. B. von irgend einem Sternhaufen oder Planetensystem für sich allein betrachtet. Tritt jedoch ein Zusammenstoss ein, dann treten die erwähnten Veränderungen ein, die Energie des Systems erfährt eine dauernde Verminderung.

Hypothese: Der jetzige Zustand des Weltalls, in welchem grosse Massen bald angesammelt, bald zerstreut werden, stammt aus einer unendlich langen Vergangenheit und hat eine unendlich lange Zukunft.

In dieser unendlich langen Vergangenheit haben alle allgemeinen Veränderungen ihren Abschluss gefunden.

Wenn z. B. eine allgemeine Erkaltung, oder die Vereinigung aller Weltkörper zu erwarten wäre, müsste das jetzt schon da sein: eine zweite unendlich lange Entwicklung anzunehmen, in der das geschehen soll, hat keinen Sinn.

Anmerkung. Herbert Spencer sagt: „Ruhe des Weltalls ist der Endzustand; das ist der vollkommene Ausgleich, dem jede Bewegung in unendlich langer Zeit zustrebt." — Die Klausel „in unendlich langer Zeit" besagt jedoch auf deutsch, dass weder dieser Zustand der Ruhe noch auch eine bemerkbare Veränderung in dieser Richtung in endlicher Zeit eintritt. Das ist wohl das Gleiche, was oben gesagt ist, aber mich will bedünken, es sei nicht klar ausgedrückt.

Dieser dauernde Zustand des Weltalls ist durch folgende Verhältnisse charakterisirt.

Jedes Atom hat in Bezug auf jedes andere eine anziehende freie Kraft, eine Quantität der Bewegung und eine Bewegungsrichtung; alle drei Grössen ändern sich fortlaufend seit Ewigkeit.

**Man kennt also kein ruhendes Atom, keine ruhende kosmische Kraft und keine unveränderte Bewegungsrichtung.**

Bei den Atomen, die in festen Massen, z. B. in Gebirgen, neben einander lagern, sind allerdings ihre gegenseitigen anziehenden freien Kräfte und Quantitäten der Bewegung in enge räumliche Grenzen eingeschlossen, dafür sind sie um so intensiver, da, nach der jetzigen Annahme, Wärme Vibration der kleinsten Teile ist. Die Zunahme dieser Bewegung trennt die Atome wieder.

**Die Verbindung aller Atome bringt es mit sich, dass jede Ortsveränderung wägbarer Materie eine kosmische Bewegung ist.**

Auf diesen allgemeinen Grundlagen sind die kosmischen Einzelerscheinungen aufgebaut; sie entstehen im Lauf der Zeit und ändern sich fortlaufend. Auch die grossen Zentralkörper machen davon keine Ausnahme.

Wir wiederholen kurz in etwas anderer Form die Hauptrichtungen der betreffenden Vorgänge.

1. Die zahllosen kosmischen Gebilde ziehen meistens in weiten Entfernungen in annähernd hyperbolischen Bahnen an einander vorüber, um sich nie mehr zu begegnen. Das gilt vom Meteoriten so gut, wie von den grossen Massen.

Es sind fortlaufende Uebergänge von freier kosmischer Anziehungskraft in Quantität der Bewegung und umgekehrt, vereint mit fortlaufenden Richtungsveränderungen gegen alle andern Massen des Weltalls.

2. Alle Ansammlungen wägbarer Materie, also die Zentralkörper, Sternhaufen, Planetensysteme etc., verdanken ihre Entstehung einer Vereinigung in Folge kosmischer Anziehung. Eine andere Möglichkeit ihrer Entstehung ist unbekannt.

Durch die Vereinigung entstehen die in gewissen Grenzen periodischen Massenbewegungen, das sind die Drehungen und Umläufe, entstehen auch lang anhaltende Ströme von Wärme und Licht. Bei den Vereinigungen grosser Massen kann auch ein überwiegender Teil sich ganz ablösen.

Soweit unsere Kenntnisse reichen, haben alle kosmischen Gebilde die genannten unendlich zahlreichen Bewegungen. Den meisten Zentralkörpern entströmt auch selbsterzeugte Wärme und selbsterzeugtes Licht. Die Stoffe, aus welchen sie bestehen, finden sich zum grossen Teil auch in unserm Sonnensystem. Damit ist aber die Aehnlichkeit mit diesem zu Ende und ist eine weitere auch gar nicht zu erwarten (Seite 44); die mächtigen Sonnen des Weltalls sind alle in wesentlichen Punkten verschieden von einander.

3. Die folgenden Vorgänge haben nur lokale Bedeutung, sind Erscheinungen in unserem Sonnensystem, die wir durch Beobachtung kennen.

Wenn die Planeten in unserm Sonnensystem sich bis auf einen gewissen Grad abgekühlt haben, dann können sie lange Zeit von den riesigen Quantitäten Wärme und Licht, die der Zentralkörper noch immer in den Raum hinausschleudert, einen winzigen Teil abfangen. Die Jahresumläufe und Tagesdrehungen machen diese Zufuhr lokal periodisch in engen Grenzen.

Auf dieser Grundlage ruhen fast alle Vorgänge unserer

Umgebung: sie fordern eine Temperatur, die sich in engen Grenzen hält: ohne diese giebt es keine Organismen, wenigstens keine solchen, wie sie die Erde trägt und getragen hat. Auch die Entwicklung fast aller Pflanzen und Thiere verläuft in Perioden, welche durch kosmische Bewegungen (die Tagesdrehungen und die Jahresumläufe) bestimmt werden: auf sie gründet sich die Periodicität der meisten Vorgänge.

Die Atome in den Körpern, z. B. auf der Erde, haben die kosmische freie Kraft zu den anderen Atomen ihrer Umgebung zum grossen Teil eingebüsst: sie ist bei der Verdichtung in Wärme übergegangen. Das Gleiche gilt für die chemischen und Molekularkräfte in den Verbindungen. Die Aetherwellen (Licht und strahlende Wärme) rütteln diese schlummernden Kräfte immer neu auf, tragen die Wassermassen auf die Berge, erzeugen die wechselnden Luftströme, lassen die Pflanzen wachsen etc. etc., längst bekannte Thatsachen.

Die Aetherwellen verdanken, wie erwähnt, ihre Entstehung der freien kosmischen Anziehungskraft; das führt zu folgendem Schluss:

Hypothese: Alle Vorgänge der Erscheinungswelt, seien es jetzt Nahwirkungen oder Fernwirkungen, gründen sich in letzter Instanz auf die kosmische Anziehungskraft.

Die weltumfassende Bedeutung dieses Satzes wird keinem entgehen. Es wird sich aber zeigen, dass seine Bedeutung noch viel weiter reicht, als es bis jetzt den Anschein hat.

In obigem Sinne kann man mit Recht von der Einheit der Naturkräfte oder besser von einer gemeinsamen Ursache ihrer Thätigkeit sprechen. Schon Gay Lussac hat die Vermutung geäussert, dass alle Naturerscheinungen aus einer Quelle fliessen. Das ist die Lösung des Rätsels.

Wir haben oben die Hypothese aufgestellt, dass der Weltprocess in seiner jetzigen Form von ewiger Dauer ist.

Unter zwei verschiedenen Bedingungen ist das möglich:

1. Hypothese: Die Summe der Energie im Weltall ist eine unzerstörbare ewig gleiche Grösse: nur die Formen, in der diese sich zeigt. können wechseln.

Dieser naheliegende bestechende Satz scheint in dieser Form nicht richtig zu sein. Wir sehen unermessliche freie Kräfte sich in Aetherwellen verwandeln, die, ohne Grenze weiter schreitend, immer schwächer werden. Man kennt keine Möglichkeit, diese Energie jemals wieder in kosmische freie Kraft zurückzubilden; unendlich kleine Aetherwellen haben keine Kraftwirkung mehr, sie sind verlorene Energie.

Ein einzelnes Atom, auf der Erde z. B., hat eine kosmische Kraft gegen alle Atome des Weltalls, nur nicht gegen die auf der Erde. Der grösste Teil dieser freien Kraft ist bei der Verdichtung der Erde in Wärme übergegangen. Das Gleiche gilt von seiner gleichwertigen Quantität der Bewegung gegen die aller andern Atome; der Teil, welchen es einst gegen die übrigen Atome der Erde hatte, ist ebenfalls in Wärme und Drehbewegung übergegangen. Der Teil von diesen beiden Grössen, welchen es einst gegen jedes Atom auf der Sonne hatte, ist ebenfalls zum Teil in Wärme und Umlaufbewegung übergegangen. Die unendlich zahlreichen Verbindungen dieses Atoms mit den übrigen Atomen des Weltalls verändern sich wohl, aber verschwinden nicht. Es ist also zweifelhaft, ob man von Unzerstörbarkeit der Energie sprechen und daraus auf die ewige Dauer des kosmischen Processes schliessen kann. Es geht fortwährend freie kosmische Kraft und Quantität der Bewegung in immer schwächer werdende Aetherschwingungen über, in welcher Form sie keine Wirkung mehr thun können.

Spencer gründet sein ganzes System der Philosophie auf folgenden Satz: Die Kraft ist unzerstörbar; das ist eine Fundamentalwahrheit, die nicht bewiesen werden kann, aber als solche sich die Anerkennung erzwingt.

In dieser Form ist der Satz nicht blos zweifelhaft, wie oben erwähnt, er ist auch nicht recht klar; der Sprachgebrauch verbindet mit dem Worte Kraft verschiedene unbestimmte Vorstellungen und diese Verwirrung wird auf diese Weise in die Darstellung übertragen. In richtiger Anwendung ist der Realbegriff des Wortes Kraft ein Abstraktum, dem also keine Wirklichkeit zur Seite steht. Es hat desshalb keinen Sinn von seiner Unzerstörbarkeit zu sprechen.

Wir werden jedoch später sehen, dass der Satz in etwas anderer Form als richtig anerkannt werden muss.

Die ewige Dauer des Weltprocesses lässt sich besser auf folgende Weise begründen:

Von zwei Atomen, beide von gleicher mittlerer Masse, befinde sich das eine auf einem sehr entfernten Fixstern, das andere auf der Erde. Die freie kosmische Anziehungskraft, welche sie verbindet, hat als Wegstrecke die Entfernung der beiden Atommittelpunkte bei grösster Entfernung, minus ihrer Entfernung bei der Berührung. Diese freie Kraft ist ein bestimmter, wenn auch noch so kleiner Bruchteil meterkilogramm, sagen wir 1 mk.

Ein einzelnes Atom ist mit allen Atomen des Weltalls in dieser Weise verbunden. Die Summe dieser freien Kräfte ist die obengenannte Grösse, multiplicirt mit der Zahl der Atome im Weltall. Diese Summe ist also jedenfalls sehr gross.

Bezeichne $Z$ diese Zahl, so beträgt $Z \cdot 1$ mk die freie in einem Atom vereinigte kosmische Anziehungskraft.

Die Summe aller freien Kräfte, welche alle Atome des Weltalls mit allen übrigen verbindet, ist, im Vergleich zur letztgenannten Grösse, ausserordentlich gross in höherer Ordnung; sie ist gleich $Z^2 \cdot 1$ mk.

Alle kosmischen Massen besitzen ausser ihrer freien Kraft auch noch eine Quantität der Bewegung gegen alle anderen Massen, welche jedoch auf Kosten der ersteren entstanden und bei obigem Ueberschlag der freien Kraft beigezählt ist.

Wenn auch bei wachsender Massenansammlung ein immer kleiner werdender Teil der kosmischen Anziehung zur Geltung kommen kann, die Richtigkeit der folgenden Hypothese bleibt trotzdem sehr wahrscheinlich.

Die Quantität der Masse im Weltall ist unendlich gross in mathematischem Sinne.

Aus diesem Grunde ist auch die Quantität der freien Kraft im Weltall unendlich gross.

Darauf ruht möglicher Weise die ewige Dauer des Weltprocesses.

Diese Erörterung giebt Veranlassung, ein naheliegendes sehr wichtiges Verhältniss zur Sprache zu bringen.

Erste Vorstellung: Eine Wegstrecke ist gegeben, an ihren beiden Enden zwei Punkte, die sich anziehen, also durch eine Kraft verbunden sind.

Zweite Vorstellung: Unendlich viele solche Punkte nach allen Richtungen weit im Raum zerstreut, die alle sich gegenseitig anziehen. In jedem einzelnen Punkt concentriren sich also unendlich viele solche Kräfte, alle verschieden an Intensität, weil die Entfernungen verschieden sind.

Dritte Vorstellung: Die einzelnen Punkte haben verschiedene Quantitäten der Anziehung, entsprechend den Atomgewichten, dann haben wir die jetzige Vorstellung der Wirklichkeit, unendlich viele Kraftzentren von verschiedener Masse.

Die Vereinigungen einer Anzahl gleicher oder ungleicher Kraftzentren, das sind selbstverständlich die Körper. Bleiben wir bei dem einfachsten Körper, dem Atom, stehen.

Die Masse eines Atoms wird durch die Anziehung gemessen, die es auf ein bestimmtes anderes Atom in bestimmter Entfernung ausübt; diese Anziehung ist proportional dem Atomgewicht. Das Atomgewicht des Wasserstoffs ist 1, das des Goldes 197; das besagt, dass in bestimmter, z. B. 1000 m betragender Entfernung die Anziehung von 1 Atom Gold auf irgend ein bestimmtes anderes Atom (z. B. Schwefel, Atomgewicht 32) 197 mal grösser ist, als die Anziehung von 1 Atom Wasserstoff. Die beiden Anziehungen verhalten sich nach Formel 2 wie $197 \cdot 32 : 1 \cdot 32$.

Die kosmische Anziehung verbindet ein bestimmtes Atom Gold (Au, 197) mit irgend einem Atom Silber (Ag, 108) in der Entfernung x nach Formel 2 mit der Kraft: $\dfrac{197 \cdot 108}{x^2} = \varphi$.

Bedeute $x_a$ die Wegstrecke, bis zu welcher sich die Zentra der beiden Atome nähern können; nach 35 ist dann $\dfrac{197 \cdot 108}{x_a^2} \cdot x_a = \dfrac{197 \cdot 108}{x_a}$ die ganze freie Kraft, welche zwischen diesen beiden Atomen zur Geltung kommen kann. Die Summe aller derartigen freien Kräfte, die sich in dem ersteren vereinen, wollen wir die latente Kraft dieses Atoms nennen.

Diese Summe umspannt das Weltall.

Folgender Satz wird aufgestellt:

Masse eines Atoms ist gleichbedeutend mit seinem Atomgewicht und ist Quantität latenter kosmischer Kraft, die sich in ihm vereint.

Der Leser wird verwundert fragen, was mich zu solch verwegener Behauptung berechtigt. Ich stütze mich auf folgende Regel: Zwei Grössen, die immer und unabänderlich in einfacher Proportion zu einander stehen, sind ihrem Wesen nach identisch. Ihre Trennung in verschiedene Worte ist nur die Folge einer mangelhaften Bezeichnung oder Vorstellung.

Das ist hier der Fall.

Ueberall, wo jetzt das Wort Masse in Anwendung ist, kann dafür „die Summe latenter kosmischer Kräfte oder die Summe der Atomgewichte" gesetzt werden.

Giebt man z. B. dem Gesetz 10 die entsprechende Fassung, so lautet es:

Wirkt eine bestimmte konstante freie Kraft gleiche Zeit auf verschiedene Körper, so steht die Geschwindigkeit, welche sie erhalten, in verkehrtem Verhältniss zu ihren Quantitäten latenter kosmischer Kraft.

Die Einheit der latenten kosmischen Kraft ist dieselbe, wie bei der Masse, 9,81 kg.

Mit obiger Regel ist das Wort „Masse" aus der Reihe der Elementarvorstellungen ausgeschieden. Bei der geringen Zahl der letzteren muss dieser Vereinfachung unserer Vorstellungen eine grosse Bedeutung zugesprochen werden.

Als ich obigen Satz vor vielen Jahren zum ersten Mal erkannte, war es mir, als erleuchtete ein Blitzstrahl die geheimnissvolle Werkstatt der Natur.

Einige Folgerungen werden uns gleich von der Wichtigkeit obiger Regel überzeugen.

Allgemein wird angenommen, dass das Atom unzerstörbar, ewig unveränderlich ist. Das Wesen des Atoms liegt aber in seiner Masse; der eben genannte Satz muss also lauten:

Die in einem Atom liegende latente kosmische Kraft, man nennt sie seine Masse, ist eine unzerstörbar ewig gleiche Grösse.

Anmerkung. Das ist der erwähnte Satz von Spencer in richtiger Form. Er umfasst zugleich den Satz von der Unzerstörbarkeit der Materie.

Die Wirkung der Kräfte wird meistens durch andere Kräfte und die vorhandenen Quantitäten der Bewegung verändert. Wir wollen derartige Kräfte beschränkte nennen; alle kosmischen gehören in diese Kategorie.

Ein bestimmtes Atom ist mit irgend einem bestimmten anderen durch eine beschränkte Kraft verbunden; gegen ihren gemeinsamen Schwerpunkt hat es eine bestimmte Bewegungsrichtung und eine bestimmte Quantität der Bewegung.

Diese Bewegungen sind das Endresultat aller Kräfte, die seit Aeonen auf dasselbe gewirkt haben.

Die Diagonale all der unendlich zahlreichen beschränkten Kräfte, die jetzt auf dasselbe wirken, das ist die Kraft, welche jetzt die Bewegung des Atoms verändert.

Der Ruhepunkt für alle diese Bewegungen ist der Schwerpunkt des Weltalls. Da dessen Lage uns absolut unbekannt ist, so können wir nur relative Bewegungen in Betracht ziehen; bei der unendlichen Ausdehnung des Weltalls kann man sogar in Zweifel ziehen, ob von seinem Schwerpunkt die Rede sein kann.

Auch bei den relativen Bewegungen sind uns, wie schon erwähnt, nur solche genauer bekannt, wo es sich um zwei Massen handelt. Schon bei drei Kraftzentren entwindet sich uns die vollständige Erkenntniss durch die Complicirtheit der Erscheinung.

Aus unsern Darlegungen folgt, dass das Wesen des Atoms, seine Masse, auf dem Vorhandensein der übrigen Atome im Weltall ruht; für sich allein ist es nichts.

Wir kennen also nur Teile eines unendlich grossen Ganzen, die so innig an dieses Ganze geknüpft sind, dass sie für sich allein keine Existenz haben.

Das ist wohl eine ganz neue, schwer wiegende Folgerung.

Die chemischen und Molekularkräfte scheinen von den Atomgewichten abzuhängen. Sollte also z. B. Silber in Gold umgewandelt werden, so müsste die latente kosmische Anziehung des Silbers von 108 (Atomgewicht des Silbers) auf 197 (Atomgewicht des Goldes) gesteigert werden. Wir haben keine Ahnung, wie das geschehen könnte, ebenso wenig, wie die

Atome je sich bilden konnten. Aber auch der Annahme ihres Bestandes seit Ewigkeit steht man zweifelnd gegenüber; die periodische Reihenfolge der Atomgewichte trägt den Charakter des Entstandenen. Wer kann wissen, was bei Temperaturen vor sich geht, die Millionen von Graden betragen!

## Schlussbemerkung.

Durch unsere Sinne kennen wir die einfachen Ortsveränderungen, das sind die kosmischen Bewegungen, am besten. Die Folge ist, dass wir in unsern Vorstellungen und Hypothesen immer auf diese Formen zurückkommen. Wir stellen uns die Wärme der Körper als eine zitternde Bewegung der kleinsten Teile vor, die Gase als elastische, fortlaufend hin und her geworfene Moleküle, Licht und Wärmestrahlung als Transversalwellen in einem Continuum. Eine solche Hypothese lässt sich rechnerisch verfolgen und sie besteht zu Recht, so lange die Thatsachen der Rechnung nicht widersprechen, die Vergleiche durch das Experiment sich als richtig erweisen. Damit ist jedoch nur gezeigt, dass diese Bewegungen grosse Aehnlichkeit mit diesen Vorstellungen haben, aber jeder Tag kann eine Thatsache bringen, welche das ganze Gebäude gefährdet. Nicht unmöglich, dass nur wenige dieser Hypothesen die Wirklichkeit genau treffen; wir können uns vielleicht keine richtige Vorstellung machen, weil wir keine Analogie in unserer Erfahrung finden. Man beachte, dass unsere Sinne uns sogar bei den einfachsten Ortsveränderungen nicht sagen, was sie eigentlich sind. Was ist das Wesentliche, wenn ein Körper an einen anderen Ort gebracht wird? Sämmtliche Anziehungselemente des ganzen Weltalls, welche sich in diesem Körper vereinen, ändern ihre Bewegungen, am stärksten die Verbindungen mit seiner unmittelbaren Umgebung. Keine Spur davon deuten die Sinne an; das musste erst durch weitläufige Erwägungen festgestellt werden.

Diese Schwierigkeit, richtige Vorstellungen zu gewinnen, macht sich besonders bei den Bewegungen des Aethers geltend; sie liegt schon in dem Gedanken an die Bewegung von einem Etwas, das keine Masse hat.

---

## VI. Kapitel.

# Was ist Bewegung, Zeit, Raum, Geschwindigkeit, Drehgeschwindigkeit, freie Kraft, Quantität der Bewegung, Masse, Atomgewicht, was ist die Erscheinungswelt?

Unsere nächste Aufgabe soll darin bestehen, die Realbegriffe der eben genannten Kategorien der Erscheinungen festzustellen. Sie sind von grösstem Werte bei wissenschaftlichen Erörterungen; Unklarheit im Sprachgebrauch ist Ursache zahlloser Konfusionen.

„Jeder wissenschaftliche Begriff drückt ein Princip aus und seine Feststellung gehört zur Thätigkeit des Entdeckens" (Whewell).

---

## Was ist Bewegung?

Jede Kraftveränderung, in welcher Form sie auch auftreten mag, also mit Einschluss der Vibrationen der Atome und Aetherteilchen, heisst Bewegung.

Oder weiss Jemand eine Kraftveränderung, die nicht als Bewegung bezeichnet werden muss, oder eine Bewegung, die keine Kraftveränderung ist?

Dieser Begriff ist vorangestellt in der Absicht, das Wort Bewegung anwenden zu können, ohne Unklarheit fürchten zu müssen.

Helmholz sagt: „Bewegung ist Raumveränderung." Der Schluss liegt nahe: Raumveränderung ist immer Kraftveränderung, folglich Bewegung Kraftveränderung.

Auf diese Weise wird der Begriff der Bewegung an den Fundamentalbegriff freie oder beschränkte Kraft geknüpft, nicht an einen zusammengesetzten Begriff, wie es der Raum ist.

## Was ist die Zeit?

Gestützt auf die Hypothese, dass die Kraftveränderungen im Weltall wie ein gleichmässiger Strom weiterfliessen, kann man in einer gleichmässig periodischen Bewegung einen Massstab für die Quantität der abgelaufenen Veränderungen sehen.

Eine Tagesdrehung der Erde, die einmalige Schwingung des Pendels von bestimmter Länge (Secundenpendel) ist z. B. ein solcher Massstab.

Das Wort Zeit vertritt die Stelle des unhandlichen Ausdrucks „das Fortschreiten der Bewegungen?"

Eine von der Bewegung getrennte Bedeutung hat das Wort „Zeit" nicht; eine solche Trennung ist auch gar nicht denkbar.

Man sagt, die Zeit schreitet ohne Ende weiter; das bedeutet: Dem Fortschreiten der Bewegungen ist keine Grenze gezogen.

Der Schluss liegt nahe: Alles, was sich mit der Zeit ändert, ist Kraftveränderung.

Dieser Satz ist wegen seiner tiefgreifenden Konsequenzen von der allergrössten Bedeutung. Nur das nächstliegende zu nennen, demnach ist unsere ganze geistige Thätigkeit eine Kombination von Kraftveränderungen.

## Was ist der Raum?

Die Vorstellung des Raumes ruht auf zwei kategorisch verschiedenen sinnlichen Eindrücken.

Der erste ist die Entfernung (Wegstrecke).

Der zweite ist der Richtungsunterschied.

Die Frage, was ist der Raum, löst sich demnach in zwei andere auf, was ist eine Entfernung, was ein Richtungsunterschied.

---

## Was ist eine Entfernung oder gleichbedeutend eine Wegstrecke?

Die Wegstrecke ist ein wesentlicher Bestandteil der kosmischen oder mechanischen Kraft und verbindet in ihrer einfachsten Form zwei Massenpunkte. Je grösser die Wegstrecke zwischen ihnen, desto kleiner die Kraft.

Es ist das ihre einzige Bedeutung.

Niemals sehen wir in der Wirklichkeit die beiden Grössen, kosmische oder mechanische Kraft und Wegstrecke, getrennt, nur in unserer Vorstellung trennen wir sie, um uns leichter zurecht zu finden; für sich allein hat keine der beiden Grössen eine reale Bedeutung.

---

## Was ist ein Richtungsunterschied (Winkel)?

Der Richtungsunterschied (Winkel) ist die Form, unter welcher verschiedene kosmische oder mechanische Kräfte zusammenwirken; durch ihn entstehen die beschränkten Kräfte.

Es ist das seine einzige Bedeutung.

Niemals sehen wir in der Wirklichkeit Richtungsunterschiede ohne Kräfte zur Geltung kommen; nur in unserer Vorstellung trennen wir beide Grössen.

Für sich allein hat ein Richtungsunterschied so wenig eine reale Bedeutung, als Kraft oder Wegstrecke.

Wirken mehrere Kräfte zusammen auf ein Atom, so wird ihre Gesammtkraft durch das Parallelogramm der Kräfte bestimmt, dessen Grundlage die eben erwähnten Richtungsunterschiede.

Ohne Atome und Kraftlinien, die sie verbinden, giebt es weder eine Entfernung, noch einen Richtungsunterschied.

Dem Wort Raum liegt demnach, ebensowenig wie dem Wort Zeit, ein selbstständiges Vorhandensein zu Grunde.

Man pflegt zu sagen: „der Raum ist unendlich“; es ist entsprechender zu sagen „der Abnahme der Kraft ist keine Grenze gezogen“.

Anmerkung. Für obige einfache Erklärung der Zeit glaubte ich das Prioritätsrecht in Anspruch nehmen zu können, habe aber nachträglich in einer kleinen gehaltreichen Schrift „Spaziergänge eines Atheisten“ von F. Heigel die gleiche Darstellung gefunden. Das Buch ist ohne Jahreszahl; wohl möglich, dass es älter ist, als die erste Auflage des vorliegenden (1895).

Man muss sich wundern, dass ein Philosoph, wie Wundt, sich eine solche kapitale Vereinfachung unsrer Vorstellungen entgehen lässt; das kostet allerdings einige Seiten Korrektur.

Wie weit mir die Priorität für die Feststellung der übrigen erwähnten Begriffe zusteht, muss ich dahingestellt sein lassen; man kann eben nicht alles lesen. Gefunden habe ich sie ganz selbstständig. Es handelt sich um Bewegung, Raum, Quantität der Bewegung, freie Kraft, Masse, Atom, latente kosmische Kraft, Erscheinungswelt.

Was Raum und Zeit betrifft, so kann der Leser sich leicht überzeugen, wie weit Kant und Hegel von einer Erklärung entfernt waren; keinem ist es eingefallen, dass der Raum gar keine Fundamentalvorstellung ist. Wenn man bei den genannten Autoren ganze Seiten darüber durchgelesen hat, ist man nicht klüger als vorher.

Schoppenhauer donnert mit einem gröbsten Geschütz gegen ähnliche Ansichten, wie sie hier vertreten sind, sagt, es sei ein Unsinn, wenn Rosenkranz behauptet, Raum und Zeit würden gar nicht existiren ohne die Materie.

An gleicher Stelle nennt er Hegel einen frechen Unsinnschmierer, wodurch jedenfalls dargethan wird, dass Höflichkeit kein notwendiges Attribut eines Philosophen ist. (Über den Willen in der Natur, Vorrede.)

## Was ist Geschwindigkeit?

Geschwindigkeit ist Intensität einer Entfernungsveränderung; ihrem Wesen nach ist sie also Kraftveränderung.

Sie bezieht sich immer auf einen relativ ruhenden Punkt und in ihrer einfachsten Form auf zwei Massenpunkte, die sich von diesem entfernen, oder sich ihm nähern. Für sich allein ist sie nichts.

---

## Was ist Drehgeschwindigkeit?

Drehgeschwindigkeit ist Intensität der Richtungsveränderung.

Wie es keine Kraft ohne Wegstrecke und Richtung giebt, findet sich kein Atom ohne Geschwindigkeit und Drehgeschwingigkeit.

---

## Was ist eine freie Kraft?

Freie Kraft ist Quantität einer Kraftveränderung.

Diese Veränderung umfasst immer beide Bestandteile der freien Kraft, die Intensität derselben und die zugehörige Wegstrecke. Die freie Kraft z. B., welche 1 Kilo 10 m hoch herabfallen macht, hat ihre Intensität vergrössert. Durch die Annäherung an den Erdmittelpunkt ist die Anziehung gestiegen. Dagegen ist die zur Kraft gehörige Wegstrecke, das ist die Entfernung bis zum Erdmittelpunkt, um 10 m kleiner geworden. Die Quantität dieser Kraftveränderung beträgt $2 \cdot 10$ m k.

Genau genommen, kann eine freie Kraft niemals konstant sein, weil eine Entfernungsveränderung unbedingt mit Veränderung der Kraftintensität verknüpft ist (wie schon früher erwähnt), aber sehr oft ist die Annäherung an die konstante Kraft so gross, dass der Unterschied in der Praxis ausser Acht gelassen werden kann, wie in obigem Beispiel.

Wie immer die freie Kraft beschaffen sein mag, von der die Rede ist, sie kann durch eine konstante Kraft ersetzt werden, die auf gleicher Wegstrecke die gleiche Quantität der Bewegung erzeugt.

Freie Kräfte sind gleichwerthig, das heisst die Quantitäten der Kraftveränderungen, welche sie enthalten, sind gleich gross, wenn ihre correspondirenden konstanten Kräfte (x · φ, 17, Seite 20) gleichwertig sind.

---

# Was ist Quantität der Bewegung
## (Wucht, lebendige Kraft, kinetische Energie)?

### In der Bezeichnung liegt hier der Begriff.

Anmerkung. Die Regel 19 lautet in bekannter mathematischer Zeichensprache als Differenzialgleichung:

$$\frac{\varphi \, d(x)}{M} = v \, d(v)$$

$\varphi$ heisst die bewegende, $\frac{\varphi}{M}$ die beschleunigende Kraft, das ist die Kraft, welche auf die Masseneinheit trifft. Wenn z. B. auf 30 Masseneinheiten (30 · 9,81 Kilo) eine Kraft von 10 Kilo wirkt, ist 10 Kilo die bewegende, $\frac{10}{30} = {}^1/_3$ Kilo die beschleunigende Kraft. Bezeichnet man die beschleunigende Kraft mit $\varphi_a$, so ist $\varphi_a \quad d(x) = v \, d(v)$, das heisst in weiterer Ausführung:

Wenn Kraft und Bewegung gleiche Richtung haben, geht fortlaufend eine unendlich kleine Veränderung der beschleunigenden freien Kraft ($\varphi_a \cdot d(x)$) über in eine gleichwertige Veränderung der Quantität der Bewegung ($v \cdot d(v)$). Das Umgekehrte ist der Fall, wenn Kraft und Bewegung entgegengesetzte Richtung haben.

---

# Was ist eine Zentrifugalkraft?

Die Zentrifugalkraft ist eine Kraft, die fortlaufend ihre Richtung ändert, aber Wegstrecke und Intensität unverändert lässt.

---

## Was ist Masse?

Die Masse eines Körpers ist gleichbedeutend mit seiner latenten kosmischen Anziehungskraft.

Die Eigenschaft eines Atoms, Masse zu haben, ist an das Vorhandensein des übrigen Weltalls gebunden, ohne dieses kann es weder freie noch latente kosmische Anziehungskraft haben, die wesentliche Eigenschaft eines Körpers würde ihm fehlen; daraus folgt, dass jeder Körper nur als Teil des Weltalls eine reale Bedeutung hat; für sich allein ist er nichts, wie schon erwähnt.

Man nimmt allgemein an, dass der Aether keine Masse hat; da er der kosmischen Anziehung nicht folgt, kann er gar keine haben; das ist die Begründung; er ist auch kein Körper. Er besteht wahrscheinlich auch nicht aus Teilchen, sondern ist ein Continuum.

Wenn ein Körper sich bewegt, geht eine Veränderung im ganzen Weltall vor sich.

Wenn dagegen ein Aetherteilchen sich bewegt, ist das ganz lokal und pflanzt sich die Veränderung in entfernte Regionen weiter.

Die Langsamkeit der ersten Bewegung im Vergleich zur zweiten wird dadurch begreiflich; die beiden Bewegungen sind von verschiedener Grössenordnung.

Das Gewicht eines Körpers, als lokale kosmische Anziehung, muss seiner Masse (das ist die gesammte latente kosmische Anziehung) proportional sein. Beide Grössen unterscheiden sich jedoch dadurch, dass die Schwere bestimmte sich gleich bleibende Verhältnisse voraussetzt. Auf jedem Weltkörper ist sie eine andere, 1 kg ist auf der Sonnenoberfläche so schwer, wie 27,5 kg auf der Erde, 6 kg auf dem Monde wiegen nicht mehr als 1 kg auf der Erde. Wenn man aber auf allen drei Weltkörpern auf einer ganz glatten wagrechten Fläche oder auch irgendwo im freien Raume auf die Masseneinheit (9,81 kg) eine Kraft von 1 kg eine Secunde lang wirken lässt, erhält diese Masse immer 1 m Geschwindigkeit (7). Es ist von grosser Wichtigkeit, diesen Unterschied festzuhalten; beinahe bei allen Bewegungen auf der Erde kommt er zur Geltung. Wenn durch die Kraft einer Lokomotive ein Bahnzug von der Ruhe aus eine bestimmte Geschwindigkeit (z. B. von 10 m) erhalten soll, muss diess auf einer bestimmten Wegstrecke (z. B. von 200 m) geschehen und auch noch Reibung und Luftwiderstand überwunden werden. Ist aber die gewünschte Geschwindigkeit erreicht, dann ist bei weiterer Fahrt nur Reibung und Luftwiderstand auszugleichen.

Wenn die Atomgewichte gleich wären, könnte man sagen, Masse ist Quantität von Atomen; da das nicht der Fall, muss man sagen, Masse ist Quantität von Atomgewichtseinheiten, oder gleichbedeutend, ist Quantität latenter kosmischer Anziehungskraft.

---

## Was ist ein Atom?

Ein Atom ist ein Centrum anziehender kosmischer Kräfte, welche es mit allen Atomen des Weltalls verbinden, oder gleichbedeutend, es ist der Vereinigungspunkt aller Anziehungselemente, die diesem Atom zugehören. Für sich allein ist es nichts.

Es ist ferner ein Kraftcentrum von zahllosen anderen Kräften, von welchen die meisten latent und uns noch unbekannt sind. Es kann z. B. mit den meisten Atomen von andern Grundstoffen die verschiedensten chemischen Verbindungen eingehen, kann teilnehmen an dem Bau der verschiedensten Kristalle, hat andere Eigenschaften bei verschiedenen Temperaturen u. s. w. Die kühnste Phantasie ist nicht im Stande, etwas Erstaunlicheres auszudenken. Heute Teil eines glühenden Gases, morgen eines kosmischen Nebels, dann eines Feuermeeres, dann eines Kristalls, dann einer Pflanze, eines Thieres, in zahllos verschiedenen Formen doch immer das Gleiche, bekundet es seinen bestimmt ausgesprochenen Willen. Noch so weit zurück in der Zeit, es war, was es heute ist, noch so weit vorwärts in die Zukunft, es wird sein, was es jetzt ist, ein Willenscentrum, das in Fühlung steht mit dem ganzen Weltall, gleichzeitig eine unermessliche Zahl verschiedener fortlaufend wechselnder Bewegungen besitzt und bei anderen Atomen erzeugt — ewig ruhelos.

Das ist die jetzige Ansicht.

---

## Was ist Stoff, was Substanz, was ist ein Körper?

Alle drei Worte bezeichnen grössere Quantitäten von Atomen, also von Zentren latenter kosmischer Anziehungskraft. Es liegt gar keine Veranlassung vor, hier etwas anderes zu suchen, als eine Vereinigung von verschiedenen freien und latenten Kräften.

---

## Schlussfolgerung:

Die beiden Hypothesen von der Unzerstörbarkeit der latenten kosmischen Anziehungskraft (Masse) und der Materie sind gleichbedeutend.

---

## Was ist das Atomgewicht?

Atomgewicht ist gleichbedeutend mit Masse des Atoms, das ist Quantität latenter kosmischer Anziehungskraft.

---

## Was ist ein Anziehungselement?

Zwei durch ihre kosmische Anziehung verbundene Atome.

---

## Was ist die Erscheinungswelt?

Das Wesen der Erscheinungswelt sind fortlaufende Vorgänge, das sind immer Kraftveränderungen, gleichbedeutend, es sind Bewegungen.

Ein einziger Vorgang der Erscheinungswelt, der keine Kraftveränderung ist, würde diese Hypothese vernichten.

Ich bitte den Leser, einen solchen ausfindig zu machen.

Alle entstehenden Kräftekombinationen ändern sich entweder fortlaufend, wie die gegenseitigen Stellungen der Fixsterne, oder periodisch, wie die Stellungen der Planeten.

Mit jeder periodischen Bewegung verbinden sich fortlaufende Veränderungen, keine ist von unbegrenzter gleichmässiger Dauer; am nächsten kommen dieser Vorstellung die Drehbewegungen der mächtigen kosmischen Zentralkörper.

Alle Organismen sind periodische Kräftekombinationen. Aus dem vorher Gesagten muss man auch ohne jeden Darwinismus annehmen, dass die Arten im Lauf der Zeit Aenderungen erfahren, wie überhaupt alle wiederkehrenden Bewegungen.

Der Vollständigkeit halber wiederholen wir:

Alle Bewegungen verdanken der kosmischen Anziehung ihre Entstehung. Diese ist das primum movens des Weltalls.

Was in den chemischen und molekularen Verbindungen unmittelbar zur Wirkung kommt, ist ein Rätsel. Wohl ist die Verwandtschaft mit der kosmischen Anziehung dadurch erwiesen, dass bei diesen Verbindungen ebenfalls Wärme frei wird, aber ein klares Bild von diesen Vorgängen hat man, meines Wissens, noch nicht, wohl aber Erfahrungsresultate in grösster Zahl und die Kenntniss, dass alle diese Verbindungen durch Wärme, also mittelbar durch die kosmische Anziehung, wieder frei gemacht und zu neuen Verbindungen angeregt werden.

Die hier vertretenen Ansichten leugnen das selbstständige Vorhandensein von Dingen, getrennt von den Kräften, von Körpern, an welchen jene ihre Wirkung äussern, sehen in allen Erscheinungen nur Kraftveränderungen oder gleichbedeutend Energieveränderungen.

Es liegt nahe, diese Ansichten auch auf den kosmischen Aether auszudehnen.

Wie oft habe ich mir die Frage vorgelegt „was ist der Aether" und immer ertönt aus meinem Innern die gleiche Antwort: Aether ist zerstreute kosmische Kraft. Er ist eine Form der Energie, wie freie kosmische Kraft, Quantität der Bewegung, aber es ist die letzte Form, aus der wir keinen Rückweg kennen. Licht, strahlende Wärme, elektrische Erscheinungen sind Bewegungen und Zustände in diesem Medium.

Jeder sieht, dass es sich hier nur um Vermutungen handelt, die nur den Wert haben, zum Forschen und Nachdenken anzuregen.

Was ist das Dauernde in der Erscheinungen Wechsel? Antwort: Das Gesetz.

Was sagt ein Gesetz in der Erscheinungswelt? Es bezeichnet eine regelmässige Folge von Ursache und Wirkung bei bestimmten Kraftveränderungen. Das erlaubt, folgenden Satz auszusprechen:

Das Wesen der Erscheinungswelt sind fortlaufende Kraftveränderungen, die alle unter den unveränderlichen Gesetzen von Ursache und Wirkung stehen und alle der kosmischen Anziehung ihre Entstehung verdanken.

Ueberblicken wir noch einmal die wichtigsten hier besprochenen Begriffe und ordnen sie nach den beiden grossen Kategorien der Vergleichung, Quantität und Intensität.

Nur Quantität und nur positive Richtung hat:

Die Masse, oder gleichbedeutend, das Atomgewicht.

Nur Quantität, aber positive und negative Richtung hat:

1. Die Zeit. 2. Die Wegstrecke. 3. Der Richtungsunterschied.

Nur Intensität hat:

1. Die Geschwindigkeit. 2. Die Drehgeschwindigkeit.

Quantität und Intensität hat:

1. Die freie Kraft. 2. Die Quantität der Bewegung. 3. Die Zentrifugalkraft. 4. Die Bewegung. 5. Die ruhende Kraft.

Jede dieser Grössen ist nur mit einer gleichartigen in allen Beziehungen vergleichbar.

Keine dieser Grössen hat für sich allein eine reale Bedeutung; es sind nur Richtungen des Vergleichens für unsern Handgebrauch, es sind Abstracta.

Bei jeder lokalen Veränderung ponderabler Massen kommen beinahe alle genannten Grössen in Betracht.

Die meisten dieser Teilvorstellungen sehen wir vereint in der Vorstellung zweier durch die Anziehungskraft verbundener Atome, die sich ähnlich, wie zwei kosmische Körper, bewegen. Nun ist aber zu beachten, dass weder ein Atom, noch zwei Atome, für sich allein gedacht werden können, da sie, als Kraftzentren, an das Dasein einer ausserordentlich grossen Zahl anderer Atome geknüpft sind; wir haben es also hier abermals mit einer Teilvorstellung zu thun.

Wir kommen weiter zu dem Schlusse, dass keinem einzelnen Teil der Erscheinungswelt für sich allein ein selbstständiges Vorhandensein zugesprochen werden kann. Unser Sonnensystem z. B., abgelöst von der übrigen Erscheinungswelt, zerrinnt in nichts; seine Atome verlieren ihre Masse, da sie nur mehr Mittelpunkte einer endlichen Zahl von Anziehungselementen sind. So gross diese Zahl auch sein mag, im Vergleich zum Universum ist sie ausserordentlich klein.

Aus diesem Grunde ist die Erscheinungswelt als ein unteilbares Ganzes anzusehen; nur die Totalität, in der alle Teile in Verbindung stehen, ist keine Teilvorstellung.

Die Erscheinungswelt umfasst alles, was wir kennen. Da es nur eine Erscheinungswelt giebt, ist jede Möglichkeit eines Vergleiches, das ist einer Messung, ausgeschlossen, sie ist unermesslich. Ein ganz anderer Weg führt uns hier auf die gleiche, Seite 86 ausgesprochene Vermutung, dass das Weltall unendlich gross ist, in mathematischem Sinne genommen.

**Giebt es überhaupt etwas ausser der Erscheinungswelt?**

Auf diese Frage wage ich nicht eine Antwort zu geben; ich weiss darüber nichts. „Man darf keine Schlüsse ziehen, wenn die Beweise nicht hinreichend sind" (St. Mill.). Sicher aber glaube ich zu wissen, dass die Behauptung, obige Frage beantworten zu können, auf grossen Selbsttäuschungen beruht. Woraus ich das schliesse. Aus den unbegreiflichen Ansichten, die man hört. Das Gleiche hat schon vor mehr als 2000 Jahren der alte Sokrates gesagt.

## VII. Kapitel.

## Eindrücke der Aussenwelt, Erinnerung, Denken, Fühlen, Wollen, das Kausalgesetz, das Gesetz der Kontinuität der Bewegungen.

Von den unendlich verschiedenen Kraftveränderungen in der Erscheinungswelt erhält der Mensch durch seine verschiedenen Sinne zahllose Eindrücke. Die stärksten dieser Eindrücke bleiben als Vorstellungen in seinem Gedächtniss eine gewisse Zeit haften, das heisst, er kann sie, mehr oder weniger deutlich, wieder in sich hervorrufen, sich daran erinnern.

Eindrücke sowohl wie Vorstellungen kann er unterscheiden, vergleichen, ordnen und zu Schlüssen combiniren.

Die Unterscheidung derselben nach den Ordnungskategorieen Quantität, Intensität, Qualität wird ihm durch die Sinne unwillkürlich aufgedrängt, doch ist ihre Begrenzung sehr unbestimmt, auch wissenschaftlich schwer festzustellen; man wird wohl Farben, Töne, Pendelbewegungen als verschieden nach Qualität bezeichnen, aber ebenso auch z. B. Farben von verschiedener Leuchtkraft und Tiefe. Obige Einteilung hat geringen Wert, weil sie der Mannigfaltigkeit der Erscheinungswelt zu wenig Rechnung trägt.

Ebenso unwillkürlich entsteht im Menschen das Bewusstsein seiner von der Umgebung getrennten Persönlichkeit. Er bemerkt bald, dass zahlreiche bestimmte Bewegungen ihn viel unmittelbarer angehen, als andere, von Gefühlen der Lust oder Unlust begleitet sind. Das „Ich" ist ein Erfahrungsresultat.

Alle Sinneseindrücke, sowie die Vorstellung derselben sind jedoch etwas ganz anderes, als die Ursache, welche sie erzeugt: erstere sind Bewegungen in unserem Gehirn, letztere Bewegungen in der Erscheinungswelt. Allerdings besteht zwischen beiden ein ursächlicher Zusammenhang, aber diese Verbindung ist von unbegreiflicher Feinheit. In Folge dieses Zusammenhangs besteht eine Art Parallelismus zwischen beiden, so dass den Bewegungen in der Aussenwelt beinahe gleichzeitige, auch quantitativ entsprechende Eindrücke, im Beobachtungskreis zur Seite stehen.

Den verschiedenen Kategorieen von Bewegungen in der Aussenwelt entsprechen bestimmte Kategorieen von Bewegungen im Gehirn, aber letztere sind viel beschränkter, als erstere, geben uns auch keinen Aufschluss über den inneren Zusammenhang der ersteren. Den einfachen Vorgang eines fallenden Steines, wie wenig wird er uns durch den Sinneseindruck erklärt. Die ersten Aufschlüsse, die wir darüber erhalten haben, sind noch keine 400 Jahre alt. Sehr oft entspricht sogar derselbe Sinneseindruck sehr verschiedenen Bewegungen. So machen z. B. viele Vorgänge verschiedener Art den Eindruck von Licht.

Die unterscheidende, vergleichende, ordnende Thätigkeit des Menschen stützt sich auf die Sinne; sie findet ihren nächsten Ausdruck in der Sprache, dem Mittel zur Mitteilung der Gedanken. Diese soll sich dem Zusammenhang der Dinge anpassen, der meistens durch ihre Entstehung gegeben ist.

Die Uebereinstimmung ist immer unvollkommen; der unbegrenzten Mannigfaltigkeit der Erscheinungswelt können weder die Sinne noch die Sprache auch nur entfernt Genüge leisten. Dazu kommt, dass man längst Bezeichnungen anwendet, bevor man den natürlichen Zusammenhang kennt, und dann später mit unrichtig kombinirten Bezeichnungen zu kämpfen hat; wir haben das in der Mechanik genügend kennen gelernt. Die Fachmänner suchen das zu korrigiren und werden dadurch sehr oft zum Gebrauch zahlloser Fremdwörter veranlasst; bei allen Naturwissenschaften ist das der Fall.

Die erwähnte Anpassung der Bezeichnungen an den Gegenstand ist in der Chemie am besten gelungen, hier auch am leichtesten durchführbar, weil es sich vorzugsweise um Bewegungen von ähnlicher Qualität handelt.

Die Ordnung der Eindrücke und Vorstellungen stützt sich, wie gesagt, auf die Unterscheidung und den Vergleich derselben durch die Sinne. Jeder in Worte gefasste Vergleich heisst in der Logik ein Urteil. Dasselbe besteht aus drei Teilen, dem Subject, der Kopula und dem Prädikat, und ordnet das erstere, das ist der Gegenstand, um dem es sich handelt, durch die Kopula (die Verbindung) unter das letztere. Man sagt z. B. „diese Blume (Subject, Gegenstand) ist (Kopula) blau (Prädikat)“.

Die Kombination zweier Urteile, die ein drittes Urteil begründen, heisst ein Schluss. Z. B. dieser Stein besteht aus einem Gemenge von Feldspat, Quarz und Glimmer (Obersatz, Prämisse). So gemengte Gesteine heisst man Granite (Mittel- oder Untersatz), folglich ist dieses Gestein ein Granit (Schluss- oder Folgesatz). Damit werden dem betreffenden Körper alle Eigenschaften dieser Gattung von Mineralien zugesprochen: es sind sehr alte, ursprünglich feurig flüssige, Massen, kristallinisch ohne Schichtung und ohne Versteinerungen.

Ein solcher Schluss heisst ein Syllogismus.

Die Logik kümmert sich jedoch nur um die formelle Richtigkeit des Schlusses, aber weder um die Richtigkeit des Vordersatzes, noch um die des Mittelsatzes, diese zu prüfen ist Sache der Wissenschaft. Es kann desshalb ein Schlusssatz logisch ganz richtig, aber wissenschaftlich ganz falsch sein; auch kommt es vor, dass ein Satz wissenschaftlich richtig, aber logisch nicht begründet ist.

Die wesentlichste Aufgabe der Logik ist die Ordnung unserer Urteile. „Diese Ordnung soll bewirken, dass die Dinge in solchen Gruppen gedacht werden, dass diese am besten zur

Bestimmung und Erinnerung ihrer Gesetze führt" (Mill). Ueber den inneren Zusammenhang der Erscheinungen giebt die Logik selten Aufschluss, auch neue Erkenntnisse darf man von ihr nicht erwarten; zu diesen führen neue Thatsachen und neue Hypothesen. Jede Erkenntniss ist zuerst eine Hypothese.

Für gewöhnlich spielen in unserm Geiste Erinnerungen und schwache äussere Eindrücke, ohne dass diese Thätigkeit ein bestimmtes Ziel verfolgt. Das ändert sich, wenn ein stärkerer Eindruck, oder unser Wille dieser Thätigkeit eine bestimmte Richtung giebt; jetzt werden die vorher schwankenden unbestimmten Bewegungen in unserm Innern durch eine sich verändernde Kraft, unsern Willen, in bestimmte Bahnen gelenkt.

Wir sagen, der Mensch denkt.

Bei seinen Thätigkeiten hat der Mensch einen bestimmten Zweck; er will Kraftveränderungen in seinem Sinne lenken. Wille ist zielbewusste Kraft. Für sich allein, ohne die Veränderung, die sie erstrebt, ist die Kraft keine Wirklichkeit. Das Gleiche gilt für den Willen, ohne Zweck ist er nur ein Abstraktum, ein von der Wirklichkeit getrennter Begriff.

Wir sagen, der Mensch will.

Der Mensch hat Empfindungen der Lust und Unlust in grösster Mannigfaltigkeit, sowohl solche, die durch äussere Veranlassung, als solche, die durch Veränderungen in seinem Innern entstehen. Es sind die fortlaufenden Anregungen für ihn zum Wollen und Denken.

Wir sagen, der Mensch fühlt.

Die Vereinigung von Erinnerung, Denken, Fühlen und Wollen nennen wir unsern Geist.

Alle vier Eigenschaften sind an bestimmte Oertlichkeiten unseres Körpers gebunden und alle ändern sich mit der Zeit, sind also Kraftveränderungen.

Auch in dem Tiere finden sich diese Eigenschaften, aber in sehr beschränktem Maasse.

Im Traum fühlt der Mensch und hat Vorstellungen, aber die Erinnerung erstreckt sich mehr auf frühere Traumgebilde, als auf das wirklich Erlebte, und der Wille ruht.

**Mein Körper, das bin „ich".**

Es ist eine gekreuzt periodische Kräftekombination; die Periode ist das Menschenleben von der Geburt bis zum Grabe; gekreuzt kann man sie nennen, weil sie auf zwei Geschlechtern ruht.

Die meisten Kraftveränderungen in unserm Körper gehen ohne Beihülfe des Willens vor sich. Die Complicirtheit ihres Zusammenwirkens ist so gross, dass wir uns nicht einmal die Möglichkeit ihres Verständnisses denken können. In der ganzen Erscheinungswelt wirken zahllose derartige Kräfte und es können Kombinationen da sein, von welchen wir keine Ahnung haben.

Unser Führer bei allen Urteilen und Schlüssen in der unbegrenzten Mannigfaltigkeit der Kraftveränderungen ist:

## Das Kausalgesetz.

In der Logik heisst es das Gesetz von Grund und Folge.

Populär wird es meistens in folgender Form ausgesprochen:

Gleiche vorausgehende Ursachen haben gleiche Wirkungen zur Folge.

An dieser Form ist zu tadeln, dass Ursache und Wirkung als Gegensätze hingestellt werden, während im Gegenteil jede Wirkung im Entstehen Ursache zu einer neuen Wirkung wird in end- und lückenloser Folge. Die Ursache jeder Erscheinung ist eine unendlich weit zurückreichende unbegrenzte Zahl von Kräfteveränderungen, die alle in gegenseitiger Abhängigkeit stehen.

Ferner ist zu beachten, dass in der Erscheinungswelt niemals zwei oder mehrere Vorgänge in ganz gleicher Weise stattfinden. Es handelt sich um einen Strom von unendlich vielen in einander greifenden Kräften, die sich fortlaufend verändern. Es kann also nur von Aehnlichkeit bei den Ursachen sowohl, als bei den Wirkungen die Rede sein, nie von Gleichheit.

In gewöhnlicher Sprechweise versteht man unter Ursache nur die nächstliegende Veranlassung eines Vorgangs, aber meistens ist ein Vorgang nicht so einfach, dass man damit zufrieden sein könnte.

Folgende Form des Gesetzes dürfte vollständiger sein:

Je grösser die Aehnlichkeit verschiedener Kombinationen von Kräften und Kraftveränderungen, desto grösser die Wahrscheinlichkeit, dass auch die Aehnlichkeit der weiteren Folgen eine sehr grosse sein wird.

Der Satz gilt auch umgekehrt.

Auf je grössere Zeitabschnitte der Vergleich ausgedehnt wird, desto grösser werden auch die immer stattfindenden Unterschiede in den Folgen und desto unsicherer die gezogenen Schlüsse.

Das Ziel unseres Wissens sind richtige Schlüsse, sei es jetzt um die Ursachen von Wirkungen, oder, noch wichtiger, zukünftige Wirkungen vorherzusehen und in unserm Sinne zu beeinflussen.

Das Wissen sowohl, wie die Schlüsse daraus, finden ihre Stütze in dem Kausalgesetz.

Diese letzteren bewegen sich in sehr engen Grenzen, denn nur die allereinfachsten Beziehungen sind uns zugänglich. Wenn mehrere oder verschiedenartige Kräfte entscheidenden Einfluss üben, sind diese Schlüsse meistens nur ein unsicheres oberflächliches Raten.

Das Ursachengesetz in obiger Form umfasst auch den Grundsatz von der Gleichförmigkeit in dem Gang der Natur, der mit dem ersteren steht und fällt.

Jede Handlung des Menschen, jeder Vorgang der Erscheinungswelt, besteht aus zahllosen Kraftveränderungen. Im gewöhnlichen Leben kümmern wir uns wenig um die letzten Gründe derselben, wäre auch ganz zwecklos und unmöglich, diesem Detail nachzuforschen; wir behaupten, einen Vorgang zu begreifen, wenn wir im Stande sind, uns die Sinneseindrücke vorzustellen, die derselbe in Wirklichkeit anregen würde, und diese mit unsern Erfahrungen in Einklang stehen.

Auf dem Gebiete des täglichen Lebens ist desshalb der Standpunkt der meisten Menschen nicht sehr verschieden. Es kommt sogar nicht selten vor, dass ein einfacher Mensch mit gesundem Verstand richtiger urteilt, als eine ganze gelahrte Korporation. In jedem einseitigen Studium liegt die Gefahr, dass es unser klares Denken ungünstig beeinflusst, schlimmer noch, wenn Korporations- und persönliche Interessen dazu kommen. Die ausschliessliche Beschäftigung mit den alten Sprachen macht in dieser Beziehung nicht entfernt eine Ausnahme. Seht hin, mit welcher Hartnäckigkeit ihre Vertreter das Monopol festhalten, obgleich alle Welt das Unpraktische dieser Richtung einsieht; mit dem Auswendiglernen von vielen Tausenden antidiluvianischer Worte, Regeln, Ausnahmen, Satzkonstruktionen wird das Gedächtniss der jungen Leute vollgestopft und in den wichtigsten Wissenszweigen bleiben sie Kinder. Ein merkwürdiges Beispiel von der Urteilslosigkeit der Menschen in Fragen, wo ihre eigenen Interessen beteiligt sind, und von der Zähigkeit des Hergebrachten.

Ganz andere Anforderungen werden an unsere geistigen Fähigkeiten gestellt, wenn es sich darum handelt, gewissermaassen hinter die Kulissen der Erscheinungswelt zu sehen, sich vorzustellen, wie z. B. die Kraftveränderungen bei den Weltkörpern zu Stande kommen, was für Vorgänge stattfinden bei einem Ton, einem Lichtstrahl, einer chemischen Verbindung, einem galvanischen Strom, bei dem Wachsen einer Pflanze, bei einer Bewegung unseres Körpers etc.

Man beachte wohl den grossen Unterschied in der Bedeutung des Wortes Vorstellung. Wenn man im gewöhnlichen Leben von obigen Bewegungen spricht, so heisst, sie sich vorstellen, den Eindruck derselben auf unsere Sinne aus unserm Gedächtniss zurückrufen.

Im zweiten Fall heisst es, das Bild der Bewegung der kleinsten Teile bei den fraglichen Kraftveränderungen und ihren ursächlichen Zusammenhang überblicken, Vorstellungen von Dingen, die sich niemals unseren Sinnen unmittelbar kund thun, Resultate sorgfältiger Ueberlegung, welche sich auf eine lange Reihe von Vergleichen und Schlüssen stützen.

Vorstellungen der erstgenannten Art haben wohl auch die Tiere, aber niemals die letztgenannten.

Schwer genug macht es uns die Natur, in ihre Geheimnisse einzudringen, und die Resultate unseres Forschens umfassen, selbst in den günstigsten Fällen, nicht die ganze Erscheinung und bei der praktischen Anwendung muss man sich immer mit Näherungswerten begnügen: diese Aufgaben sind immer sehr complicirt.

Richtige Schlüsse gründen sich auf Thatsachen. Diese erhält man durch Beobachtungen und durch Versuche. Immer handelt es sich darum, eine richtige Folge von Ursache und Wirkung kennen zu lernen, unwesentliche Begleiterscheinungen auszuscheiden. In unzähligen Fällen ist man auf die Beobachtung beschränkt und muss abwarten, was die Natur uns bietet. Oft ist ein unzweifelhaftes Resultat gar nicht zu erhalten, weil mehrere Faktoren bei einer Erscheinung beteiligt sind, die nicht getrennt werden können: manchmal hat dieselbe Thatsache verschiedene Ursachen.

Weit eher darf man ein klares Resultat erwarten, wenn man Versuche zu Hülfe nehmen kann. Ein Experiment ist eine Frage an die Natur; sie antwortet immer. Ist die Antwort undeutlich, so heisst das, du frägst unrichtig. Das ist gerade die Schwierigkeit, richtig zu fragen. Um das zu können, muss man schon richtig vermuten, welche Antwort kommen wird.

In vereinzelten Thatsachen die Aeusserungen eines umfassenden, unzählige Fälle in sich schliessenden Gesetzes zu erkennen, ist die Aufgabe der Induktion. Daran schliesst sich oft eine gewaltige Erweiterung der Wirkungssphäre unseres Geistes. Als Dalton aus wenigen Beispielen das nach ihm benannte Gesetz (S. 69) als Vermutung aussprach, war diess ein Epoche machendes Ereigniss, an Folgen schwerer, als viele gewonnene Schlachten.

Auf Thatsachen und daraus geschlossenen Gesetzen ruht alle unsere Erkenntniss. Die Entdeckung der Thatsachen ist nicht immer, aber sehr oft, Sache des Zufalls, kann auch einem ungebildeten Menschen gelingen; die Entdeckung von Gesetzen kennzeichnet das Genie. Der Entdecker vermutet einen bestimmten Zusammenhang zwischen verschiedenen Thatsachen, und sein nächstes Geschäft besteht darin, nach allen

Richtungen die Folgerungen aus seiner Vermutung zu ziehen und mit den Thatsachen zu vergleichen. Erst wenn sich hier keine Widersprüche zeigen, kann er es wagen, seine Vermutung eine Hypothese zu nennen.

Aus der Hypothese wird ein Gesetz, wenn sie sich immer und in allen Folgerungen als richtig erweist, und besonders, wenn sie zu neuen Thatsachen die Schlüssel bietet.

Das Gesetz kennt keine Ausnahmen. Letztere beweisen, dass am Gesetz noch etwas fehlt.

Die Mathematik ist die Lehre von den zahlenmässigen Vergleichen.

Massenbewegungen in die Bewegungen der kleinsten Teile zu zerlegen, den urwirkenden Kräften entsprechend, das ist das letzte Ziel unserer Erkenntniss in den Naturwissenschaften. Nur bei den einfachsten Kombinationen ist das bis jetzt gelungen und nur bei den einfachsten ist eine so weit gehende Erkenntniss möglich.

Am vollkommensten durchgearbeitet und abgeschlossen ist die Lehre vom Gleichgewicht der Kräfte, das ist die Lehre von den Kräftekombinationen, bei welchen in endlicher Zeit nur eine unendlich kleine Veränderung stattfindet.

Die zweite Gruppe von Erscheinungen, deren völliges Verständniss wir besitzen, sind die Drehbewegungen; es sind das die einfachsten periodischen Bewegungen. Nur Aenderung der Richtung der Kräfte, keine Aenderung der Intensität findet hier statt. Die Kreisbewegungen kosmischer Körper, die Rotation fester flüssiger und gasförmiger Massen gehört hierher.

Als dritte Gruppe mögen die periodischen Bewegungen in weiterem Sinne*) genannt werden, Kraftveränderungen, in welchen die gleichen Kombinationen in bestimmten gleichen Zeiten wiederkehren. Dahin gehören z. B. die Pendelbewegungen, die Bewegungen zweier Weltkörper, die Wellen des Wassers, die Schwingungen der Luft bei einem gleichförmigen Ton, die

---

*) Periodische Bewegungen, bei welchen die kleinsten Teilchen eines Kontinuums um einen festen Mittelpunkt schwingen und die verlassene Stelle sogleich von dem nächsten ebenso schwingenden Teilchen eingenommen wird, nennt Helmholz cyklisch. Dahin gehören die oben genannten Schwingungen der Luft und des Aethers.

Schwingungen des Aethers bei Licht, Elektricität, Magnetismus und strahlender Wärme etc. Immer ist dabei nur von den denkbar einfachsten Fällen die Rede, z. B. von Wasserwellen, die sich fortlaufend bei unveränderter Wassertiefe in paralleler Richtung bewegen, oder Schallwellen (Longitudinalwellen), die von einem Punkt ausgehen und sich in einem gleichförmigen (isotropen) Mittel kugelförmig ausbreiten, auch Transversalwellen, die ebenso oder gleichförmig und parallel zu einander fortschreiten.

Die Theorie der Gase ist schon weniger einfach.

Wir stellen uns vor, eine ruhende Gasmasse bestehe aus vollkommen elastischen, sich abstossenden Molekülen, die fortwährend durcheinander fliegen. Alle Schlüsse aus dieser Vorstellung stimmen überraschend gut mit der Erfahrung. Ob es aber wirklich so ist, daran kann man noch zweifeln. Verfolgen kann man bei dieser Theorie das einzelne Molekül nicht mehr, weil die Bewegungen nicht wiederkehrend und auch nicht gradlinig sind.

Die Bewegungen der kleinsten Teile in Flüssigkeiten und festen Körpern unter dem Einfluss der Wärme sind unbekannt. Man vermutet, dass es Schwingungen der kleinsten Teile sind.

Weiter fortschreitend kommen wir auf unabsehbare Strecken jungfräulichen Bodens: zahlreiche wichtige Gesetze und Thatsachen verdanken wir den Anstrengungen der Forscher, aber die urwirkenden Kräfte sind in Dunkel gehüllt. So hat z. B. jedes chemische Element mit seinen Verbindungen unzählige charakteristische Eigenschaften. Aggregatzustand, Kristallform, specifisches Gewicht, Atomgewicht, Wärmecapacität, chemische Verwandtschaft, Verhalten unter dem Einfluss von Elektricität und Magnetismus etc. etc. gehören hierher: über den Ursprung dieser verschiedenen Eigenschaften wissen wir sehr wenig, doch ist es Thatsache, dass die Einsicht in den Zusammenhang dieser Erscheinungen, als Wirkungen von Ursachen ununterbrochen sich erweitert.

Ungünstig steht es um die Beurteilung von Kraftveränderungen, bei welchen mehrere Kräfte in's Spiel kommen; da entgleitet uns der Faden, wie bei dem erwähnten Problem der drei Punkte. Noch schlimmer, wenn es sich um das Zusammenwirken verschiedenartiger Kräfte handelt, wie z. B., wenn die Reibung mit in Betracht gezogen werden soll. Freie Kraft geht dabei in Wärme, Licht und Elektricität über. Aehnlich ist es bei einer Bewegung im widerstehenden Mittel (in der Luft oder im Wasser). In diesen und ähnlichen Fällen ist bis jetzt keine Hoffnung, sie jemals vollkommen gelöst zu sehen, sie sind viel zu complicirt. Wer mit unseren mathematischen Hülfsmitteln vertraut ist, wird gar keinen Versuch in dieser Richtung machen, er weiss vorher, dass er misslingen wird.

Wir stehen hier an der Grenze unserer Erkenntniss, die demnach auf die Gleichgewichtslagen und die einfachsten Bewegungen beschränkt bleibt, wie sie in der Natur nur selten sich finden.

Die Kraftveränderungen in den Organismen der Erde verdanken ihre Entstehung der Sonne, also mittelbar der kosmischen Anziehung, wie alle andern Kraftveränderungen, sie sind aber, selbst in den einfachsten Fällen, z. B. bei dem Wachstum einer Zelle so complicirt, dass keine Hoffnung ist, den Zusammenhang zu verstehen; wir können uns nicht einmal vorstellen, wie er beschaffen sein könnte. Hier sehen wir in vielen Fällen durch einen kleinen, kaum bemerkbaren, Unterschied in den Kombinationen, einen sehr grossen in den Folgen entstehen. Man braucht nur Zeugung und Vererbung zu nennen. Eine Kraftveränderung, so klein, dass sie an der Grenze der Beobachtungsmöglichkeit steht, erzeugt ein neues Individuum in einer Kombination, wie sie noch niemals vorher da war und damit eine endlose Kette von Kraftveränderungen, deren Umfang mit ihrer Entstehungsursache in gar keinem Verhältniss steht.

Jeder Organismus ist eine periodische Kräftekombination, angepasst den periodischen Kräftekombinationen der Umgebung. Anderen Pflanzen, anderen Tieren leuchtet die Sonne am Nordkap und unter den Tropen. Jeder Organismus hat eine gewisse Anpassungsfähigkeit an diese Umgebung und er verändert sich mit dieser. Ist der Sprung zu gross, so erlischt er. Unzählige Geschlechter hat die Erde schon begraben, begräbt sie noch; neue Formen treten an die Stelle.

Das einzelne Gebilde ist ein merkwürdig in sich geschlossenes Ganze; unzählige Schutzvorrichtungen erhalten dasselbe und sorgen für das Fortbestehen der Gattung. Wir stehen staunend davor: ein Gefühl scheuer Erfurcht ergreift uns: die Unermesslichkeit der Hülfsmittel tritt uns entgegen, die der Natur zu Gebote stehen. Die Thatsachen, welche wir beobachten, vergleichen und ordnen wir; auch in dieser Wunderwelt erlaubt uns das Kausalgesetz Schlüsse zu machen und den Gang der Erscheinungen nach unseren Wünschen zu lenken.

Der Forscher stellt sich die Aufgabe, die Totalität einer Erscheinung nach Ursachen und Wirkungen zu überblicken. Eine ganz andere Aufgabe stellt sich der praktisch thätige Mensch; der will nur die Wirksamkeit seiner Arbeit erweitern und fragt nach dem Verständniss nur so weit, als es diesem Ziele dient.

Auf diesem Felde steht ihm ausser dem Kausalgesetz noch eine andere, sehr wichtige Regel zur Verfügung:

Die Kraftveränderungen, welche das Wesen aller Vorgänge ausmachen, schreiten fast immer ohne Unterbrechung weiter, bis zu ihrer Verdrängung durch neue Kräftekombinationen.

Die Folge ist, dass beinahe alle sich verändernden Beziehungen in der Erscheinungswelt durch kontinuirlich verlaufende Linien darstellbar sind.

Ihre Form wird durch Beobachtungen, oder Versuche, oder die Natur der fraglichen Veränderung bestimmt und kann ziemlich genau durch eine Gleichung, sehr oft durch einen Kegelschnitt wiedergegeben werden.

Diese Regel findet nicht nur in der Technik ausgedehnte Anwendung, auch in zahlreichen praktischen Fragen auf den verschiedensten Gebieten giebt sie uns wertvolle Aufschlüsse. Ein sogenanntes Diagramm lehrt uns mit einem Blick so viel, als eine seitenlange Tabelle.

———

### Schlusssatz.

Alles menschliche Erkennen besteht in richtigen Vergleichen von Kräfteveränderungen und ihren Teilvorstellungen (Zeitabschnitten, Wegstrecken, Drehungen, Geschwindigkeiten, Massen etc. Seite 97).

Alles menschliche Handeln besteht in dem Lenken von Kraftveränderungen nach einem vorgefassten Plan.

Alles Erkennen und Handeln hat als Grundlage das Kausalgesetz.

---

## VIII. Kapitel.

## Das metaphysische Problem.

Wir haben einige Einsicht in die Gesetze, welche die nicht organischen Kräfte beherrschen, können ihre Wirkungen, wenigstens in den einfachsten Fällen, vorhersehen und verfolgen. Bei complicirten Kombinationen werden allerdings die Schlüsse immer unsicherer. Dagegen ist die Welt der Organismen wahrhaft eine Wunderwelt; nur die Gewohnheit lässt uns das übersehen. Man kennt aber auch noch Thatsachen, die uns den Gedanken nahe legen, dass es noch weitere Kraftverbindungen in der Natur giebt, von welchen wir bis jetzt keine Vorstellung haben, deren Aeusserungen nur ausnahmsweise unsere Sinne berühren, die wir dann Wunder nennen, aber keine einzige Thatsache weist auf Dinge hin, die mit Kraftveränderungen nichts zu thun haben, ausserhalb dem Kausalgesetz und der Erscheinungswelt stehen. Die Möglichkeit, dass auch noch eine solche andere Welt besteht, ist nicht zu bestreiten, wir können aber, nach menschlicher Einsicht, nicht die geringste Kenntniss davon haben.

In dieser andern Welt gäbe es keine Zeit, denn diese ist ja nur ein Maassstab für Quantitäten von Kraftveränderungen, nicht für mögliche Vorgänge einer ganz anderen Kategorie.

In dieser andern Welt gäbe es auch keinen Raum, das heisst keine Entfernung und keinen Richtungsunterschied, denn beides sind Bestandteile von Kraftwirkungen.

In den meisten menschlichen Köpfen sitzt das Wort Geist fest, als ein Wesen, das ausserhalb der Körperwelt steht.

Wenn das letztere der Fall ist, so scheint es unmöglich, dass ein solches Wesen sehen kann, denn dazu gehört unser Sehapparat, dass es hören kann, denn dazu gehört unser Hörapparat, dass es fühlen kann, denn dazu gehört unser Nervensystem. Man kann dieses Wesen auch nicht sehen, denn dazu ist nötig, dass es entweder selbst leuchtet, oder Licht zurückwirft; das kann nach aller Erfahrung nur ein Körper. Es kann auch nicht denken, fühlen, wollen, denn dazu gehört ein menschliches Gehirn. Es kann auch keinen körperlichen Akt ausführen, denn dazu gehören Kräfte.

Tausendmal sind schon von glaubwürdigen Personen Geister gesehen und gehört worden, noch nie ist aber bewiesen worden, dass diese Erscheinungen etwas anderes waren als Sinnestäuschungen, oder Bilder einer aufgeregten Phantasie.

Was wir unsern Geist nennen, das sind Fähigkeiten unserer Gehirnorgane, deren Sitz wir kennen; was wir unsere geistige Thätigkeit nennen, das sind wahrscheinlich Kraftveränderungen in diesen Organen; das ist die nächstliegende einfachste Annahme. Wie bei allen organischen Veränderungen ist hier von Verständniss keine Rede, aber so viel ist sicher, dass noch Niemand bei einem Menschen ohne die betreffenden Gehirnteile geistige Thätigkeit gesehen hat, sowie, dass jede Verletzung derselben ihren entsprechenden störenden Einfluss äussert.

Auf diesem Gebiete können wir Thatsachen feststellen und Schlüsse machen, eben weil sie in die Erscheinungswelt gehören. Dieser unserer Welt ist unser Denkapparat angepasst; er lässt uns im Stich, wenn wir ihn auf einem andern Gebiete anwenden wollen. Auf dem Gesetz von Grund und Folge ruhen alle unsere Schlüsse. Das ist aber ein Gesetz zwischen Kraftveränderungen. Wir haben nicht die geringste Berechtigung, es auf Gebiete auszudehnen, wo wir nicht einmal wissen, ob sie überhaupt da sind, noch weniger, ob dort überhaupt Veränderungen stattfinden, noch viel weniger, wie diese beschaffen sein könnten.

Alle Hülfsmittel zu einem Schlusse fehlen uns hier; wir kennen keine Thatsachen, können weder beobachten, noch Versuche machen.

Wir haben bis jetzt keine Hoffnung, eine andere Welt, als die unsere, zu verstehen; viel, viel ferner noch, als das Verständniss der Processe in den organischen Gebilden liegt uns die Welt des Uebersinnlichen.

Vom Uebersinnlichen ist keine Erkenntniss möglich, sagt Kant.

Mit dieser Thatsache müssen wir rechnen.

Ihre erste schwerwiegende Konsequenz ist, dass jede Begründung einer Behauptung durch göttliche Autorität als unberechtigt zurückgewiesen werden muss.

Die Geschichte lehrt uns auf jeder Seite, dass nichts unverzeihlicher missbraucht worden ist, als angemasste göttliche Autorität. Wir sehen Scheiterhaufen lodern, Tausende in das Elend gestossen, Ströme von Blut fliessen, alles im Namen Gottes.

Wer auf unserm Standpunkt steht, der wagt es gar nicht, solche Worte in den Mund zu nehmen aus ehrfurchtsvoller Scheu vor dem unergründlichen Geheimniss des unendlichen, ewig neu sich gestaltenden Weltalls.

Ein richtiges Urteil kann der Mensch nur in dem kleinen Kreis seiner Erfahrungen und nur durch eigenes, ruhiges, vorurteilsloses Nachdenken gewinnen.

Bei den meisten Völkern werden den Menschen von Jugend auf kirchliche Glaubensformeln eingeprägt, sagen wir suggerirt, und jede Priesterschaft sucht mit allen ihr zu Gebote stehenden Mitteln den Einzelnen in ihrem Glauben festzuhalten, erklärt ihren Glauben für die erste Bedingung zur Erlangung der Seligkeit, ihre Glaubenslehren für unfehlbar, von Gott selbst gegeben, erklärt es für Sünde, an ihnen zu zweifeln, bedroht den Abtrünnigen mit fürchterlichen Strafen im Diessseits und Jenseits. Jahrhunderte lang war der Ketzer in ganz Europa mit dem Tode bedroht; in muhamedanischen Staaten ist das heute noch der Fall. Man findet in jeder Kirche Leute genug, die sagen, du kannst mir vorreden, was du willst, mich machst du nicht irre. Versuche einmal, einem Bramineu die Idee von der Gleichheit der Menschen und der Nächstenliebe beizubringen; er lässt sich eher beide Beine abschlagen, als dass er die Ueberzeugung von der Gerechtigkeit seiner besonderen Ansprüche aufgäbe.

Die meisten Menschen haben nicht die Kraft, sich von ihren Suggestionen zu befreien; diese sitzen fest wie fixe Ideen und sind Ursache, dass sie auf weiten Gebieten die Fähigkeit, ihre Ansichten zu corrigiren, verloren haben. So sehen wir, bleibt der Mahumedaner, der Jude, der Inder, der Buddist, der Römisch-Katholische, der Anglikaner etc. jeder bei dem, was ihm in der Jugend vorgesagt worden ist. Nicht nur das, sie blicken meistens auf die Angehörigen anderer Kirchen mit Missachtung, ja einzelne Kirchen räumen ihren Angehörigen sogar das Recht ein, eine andere Moral gegen anders Denkende in Anwendung zu bringen. Wem ist nicht das Wort im Gedächtniss, „Ketzern und Ungläubigen ist man keine Treue schuldig“. Es ist das Kennzeichen tiefen Verfalls und des niedrigen moralischen Standpunktes einer Kirche. Den schlimmsten Leidenschaften wird dadurch Vorschub geleistet und jedem Schurken Gelegenheit geboten, unter der Maske der Frömmigkeit einen Nebenmenschen zu Grunde zu richten.

Wer angestrengt körperlich arbeiten muss, kann sagen, ich muss pflügen und dreschen, bin hundemüde am Abend, habe kein Geld mir Bücher zu kaufen, kein warmes Zimmer für mich allein. Wenn die Leute, denen ich Vertrauen schenke, mir Dinge vorsagen, die nicht wahr sind, mag ihnen des Teufels Dank dafür werden. Für den Gebildeten, Bessergestellten ist es nicht so leicht, eine Entschuldigung zu finden. Ein ruhig überlegender Mensch kann doch unmöglich annehmen, dass ihm bei der Geburt ein Quaterno in den Schooss gelegt worden ist. Bei den tausend verschiedenen kirchlichen Richtungen, die sich gegenseitig beschimpfen und verfluchen, ihm gerade die richtigen Ansichten gelehrt, ihm die Wahrheit wirklich gesagt wird. Er sieht sich gezwungen, sich selbst ein Urteil zu bilden und wird dabei zuerst nach dem fragen, was den verschiedenen Religionen·gemeinsam ist.

Die drei grossen Religionsstifter der Menschheit stellen an die Spitze ihrer Lehren sehr ähnliche ethische Gebote. Gerechtigkeit gegen alle, lehrt Mahomed; mitleidvolle Teilnahme mit aller Creatur, lehrt Buddha; liebe deinen Nächsten wie dich selbst, lehrt Christus.*)

Die gleichen Gebote an alle Menschen stellt jeder, der über diese Fragen nachgedacht hat.

In dieser Beziehung besteht also zwischen Gläubigen und Ungläubigen kein principieller Unterschied; ganz andere Dinge stehen aber in den meisten Kirchen im Vordergrund, von denen ihre Stifter kein Wort gesagt haben.

Immer wiederholt sich die Erfahrung, dass aus einer Idee in der Massenpraxis etwas ganz anderes wird, als ihr Urheber wollte.

Zwei Feinde birgt jede Kirche in ihrem eigenen Schooss; noch keine hat sich ihrer erwehren können; es sind der Dogmatismus und das Korporationsinteresse.

Sprechen wir zuerst vom Dogmatismus.

Psychologisch ist es ganz selbstverständlich, dass jeder, der einen bestimmten Glauben als wichtigste Anforderung ansieht, in seiner Nächstenliebe, die viel schwerere Aufgaben stellt, zurückbleiben wird. Da ist bei einem leidenden Menschen nicht die erste Frage, wie man ihm helfen kann, sondern ob er auch ganz den richtigen Glauben hat. Wenn nicht, dann mag er nur den Stab wehe fühlen.

Auf diese Weise kommt Wahrheitsliebe zu Schaden, Lüge und Heuchelei ziehen Vorteil daraus. Was soll denn ein armer bedrängter Mensch thun, der weiss, dass von seinem Bekenntniss und seiner Befolgung der Kirchenvorschriften eine Unter-

---

*) Das Judentum findet hier keine Stelle; ihm fehlt die Universalität. Jehova ist der Gott der Juden. Die ethischen Grundsätze dieser Kirche finden ihren Ausdruck in der verschiedenen Handlungsweise vieler ihrer Mitglieder gegen Angehörige ihrer Kirche und Andersgläubige.

stützung abhängt. Er sagt, meinethalben lassen sie den heiligen Petrus auf dem Kopf herumtanzen, ich sage zu allem, ja ich glaube es, wenn ich auch gar nicht weiss, was das alles bedeutet. Ein anderer, ein abgefeimter Heuchler, sagt, ich weiss schon, wie man aus den Herren etwas herausschlägt, da muss man nur recht fromm und devot sich stellen und ihnen lauter Dinge sagen, die sie gerne hören; früher oder später schaut dabei etwas heraus.

Ein niedrig stehender Mensch schliesst ganz einfach: „Mir kann es gar nicht fehlen, ich glaube alles, was der Pfarrer sagt."

Es ist bekannt, dass der Ausdruck „er gehört zu den Frommen", womit gesagt wird, er zeigt äusserlich schroffe Glaubensansichten, ein sehr zweifelhaftes Lob ist. Meistens enthält es die versteckte Warnung, vor dem muss man sich hüten, der geht krumme Wege, oder ist ein Heuchler.

Man wird bei seinem Urteil auch seine eigene Erfahrung sprechen lassen. Die Meinige hat mich dahin gebracht, dass ich mit keinem Orthodoxen etwas zu thun haben will.

Nicht nur im Privatleben lehrt uns die tägliche Erfahrung, dass mit dieser Richtung der Ansichten keineswegs eine höhere Moral verbunden, nur zu oft das Gegenteil der Fall ist; wir finden das Gleiche bei den verschiedenen Völkergruppen. Nirgends in Europa ist kirchlicher Einfluss stärker, als in Italien. Dort lehrt man die Kinder „unser Land ist die Pupille im Auge Gottes".

Die Antwort: die Zahl der Mordthaten ist dort 8 Mal, in Spanien 5 Mal grösser, als in Frankreich und Deutschland. Nicht allein das, die moralischen Begriffe stehen dort viel tiefer.

Der Italiener hat meistens keinen Sinn für strenge unbeugsame Rechtlichkeit, sie ist für ihn ein Zeichen der Beschränktheit; wenn ihm eine Betrügerei gelingt, schreibt er dies seinem überlegenen Geist zu. Er findet den Beweis dafür auch darin, dass es ihm gelungen ist, mit Gott in ein so intimes Verhältniss zu treten und zugleich ergiebigen materiellen Vorteil daraus zu ziehen.

Das Hauptgebot der christlichen Religion, die Nächstenliebe, ist dem Italiener fremd; die Leiden seiner Nebenmenschen kümmern ihn wenig und wenn er etwas thut, geschieht es nicht aus Liebe, sondern weil er Lohn im Jenseits davon erwartet.

Es steht geschrieben „an ihren Früchten sollt ihr sie erkennen".

Jedermann wünscht dem italienischen Volke Glück und Gedeihen, forscht mit warmer Teilnahme nach der Ursache dieser traurigen Verhältnisse und findet sie in der schlechten socialen Lage der Bevölkerung; sie kommt in der starken Auswanderung, der grossen Zahl von Selbstmorden und der Massenarmut zum Ausdruck. Was verschuldet diese? Verkehrte moralische Begriffe, vor allem die Sorglosigkeit der Eltern gegenüber ihren Kindern. So lange sich das nicht ändert, ist Besserung unmöglich, im Gegenteil, es muss immer schlechter werden. Wer ist der Führer des Volkes in seinen moralischen Vorstellungen?

Dass der Dogmatismus mit den Naturwissenschaften seit je im Kampfe liegt, ist bekannt. All ihren Errungenschaften ist er entgegengetreten. War es doch vor ein paar Jahrhunderten lebensgefährlich, sich zu unsern heutigen astronomischen Ansichten zu bekennen. Noch bis zum heutigen Tag kann ein Mann Brod und Stellung einbüssen, wenn er bekennt, der Lehre Darwin's anzuhängen, oder die biblische Schöpfungsgschichte nicht anzunehmen.

Nicht minder unheilvoll ist der Einfluss des Dogmatismus auf dem Gebiet der Ethik. Diese ist keine abgeschlossene Wissenschaft, denn andere Verhältnisse legen dem Einzelnen andere Verpflichtungen gegen seine Nebenmenschen auf. Die fortschreitende nationalökonomische Erkenntniss lehrt uns, wodurch wir unseren Nebenmenschen schaden, oder nützen; ganz neue Anforderungen werden gestellt. In all diesen Dingen legt sich das Dogma in den Weg. So muss es gemacht werden, wie wir sagen, sonst trifft euch die Strafe Gottes; unsere Ansicht ist die Ansicht Gottes; wir wissen das ganz genau. — Es geht aber so nicht. — Dann mag es eher beim Alten bleiben: wir können nicht nachgeben, wenn auch alles zu Grunde geht.

Nur ein Geistesgestörter kann mit Recht behaupten, er könne seine Ansicht nicht ändern, weil eben ein Teil seiner geistigen Fähigkeiten ausser Funktion ist; ein anderer Mensch kann es nicht, ohne Gefahr zu laufen, zu diesen gerechnet zu werden.

Ich werfe die Frage auf, ob überhaupt eine Diskussion über metaphysische Fragen mit Leuten möglich ist, die von der unerschütterlichen Ueberzeugung ausgehen, dass sie von den Ansichten Gottes unterrichtet sind, und damit zeigen, dass ihnen das Bewusstsein der Beschränkung menschlicher Erkenntniss verloren gegangen ist.

Als die Braminen die Buddhisten verfolgten, wurde alles umgebracht, was sie erreichen konnten. Die Thatsache ist um so merkwürdiger, als der Inder durchaus nicht zu Gewaltthaten neigt; Verbrechen sind dort seltener, als bei uns. Nicht anders ist das zu erklären, als dass der Dogmatismus die Gefahr in sich trägt, die Menschen irrsinnig zu machen.

Die Grausamkeiten, deren sich die Muhammedaner schuldig gemacht haben, sind auf die gleiche Quelle zurückzuführen: epidemisch auftretender moralischer Irrsinn.

Angesichts der Hunderttausende von Blutopfern, welche auch die christlichen Kirchen auf dem Gewissen haben, lasse ich es dahingestellt, ob hier eine andere Erklärung zulässig ist.

Mit tiefster Beschämung müssen wir eingestehen, dass der Buddhismus seine Aufgabe viel höher erfasst hat. Nur ein Religionskrieg, und zwar ein erfolgreicher, ist zur Ausbreitung dieser Lehre durch seinen König Asoka geführt worden. Als er vorbei war, erkannte er, dass er Unrecht gethan hatte und suchte diess durch segensreiche Handlungen gut zu machen. Nie mehr ist seit dieser Zeit (264 vor Christus), das Schwert für die Ausbreitung des Buddhismus gezogen worden und gilt als Lehre, dass man anders Denkende nur durch wohlwollende Belehrung zu gewinnen suchen darf.

Nicht minder verhängnissvoll für jede Kirche ist das Korporationsinteresse. Dieses überwuchert um so mehr, je besser es gelingt, eine überlegene Stellung zu gewinnen. Was haben im Mittelalter Adel und Geistlichkeit aus der Mehrzahl der Bevölkerung, den Bauern, gemacht? die erbärmlichsten, bedauernswürdigsten Menschen der Welt. Alles unter der Aegide der christlichen Religion, deren erstes Gebot, liebe deinen Nächsten wie dich selbst.

Wenn speziell mit der Stellung in einer Kirche die Aussicht auf Macht, Ansehen und ein bequemes Leben verbunden ist, dann drängen sich eine Menge untergeordnete Menschen bei, die nur ihr persönliches Interesse im Auge haben. Um die Mittel nicht verlegen, schüchtern sie die besseren Elemente ein. Wir allein, behaupten sie, verteidigen energisch die Rechte der heiligen Mutter Kirche, wir unterstützen den Allmächtigen (!) in seinem schweren Kampfe gegen die finstern Mächte. In einem Kampfe gilt es vor allem zu siegen, da kann man die Handlungen nicht auf der Goldwaage abwägen, wenn auch etwas Verleumdung und Lüge dabei ist, der Zweck heiligt die Mittel. Wenn der Gegner unsere Interessen bekämpft, kämpft er gegen Gott, ist also auf jeden Fall im Unrecht.

Auf diese Weise verliert eine Kirche ihre eigentliche Aufgabe ganz aus den Augen, wird eine eigennützige Korporation, welche das Wohl der Gesellschaft schädigt. Wo immer sie eine überlegene Macht gewonnen hat, bestätigte sich die Richtigkeit des eben Gesagten. Bei keiner Korporation war es jemals anders.

Wohl mag Christus eine Ahnung dieser Gefahr gehabt haben, als er die Versuchung, weltliche Macht zu gewinnen, mit den Worten abwies „Weiche von mir Satanas“.

Die späteren Anhänger seiner Lehre waren darin ganz entgegengesetzter Ansicht.

Uns interessiert natürlich vor allem die Entwicklung der römisch-katholischen Kirche, der einflussreichsten, mächtigsten kirchlichen Korporation in Europa. Hören wir einmal ihre christlichen Gegner: „Diese behaupten, dass sich diese Kirche aus ihrem anerkannt tiefen Verfall im Mittelalter nicht mehr zu erholen im Stande ist, das will sagen, nicht mehr im Stande ist, ihrer hohen Aufgabe gerecht zu werden. Sie hat sich in ihren Einrichtungen und Dogmen selbst die Ketten geschmiedet, aus denen sie sich nicht mehr zu befreien im Stande ist. Mit letzteren steht sie im Gegensatz zu allen Gebildeten, die eine Verpflichtung, gewisse metaphysische Behauptungen als wahr anzunehmen, nicht anerkennen.

„Die Oberherrschaft in der katholischen Kirche ruht im Papste und dem Kardinalkollegium. Ersterer ist fast immer ein Italiener; von den 56 Kardinälen sind 31 Italiener, die

30 Millionen Bewohner der Halbinsel vertreten. Auf 35 Millionen deutsche und österreichische Katholiken treffen drei deutsche Kardinäle; in der That eine sprechende Thatsache."

„In allen wichtigen Fragen liegt demnach die Entscheidung in den Händen der italienischen Geistlichkeit, der auf diese Weise eine Macht zu Gebote steht, die in gar keinem Verhältniss steht zu ihrer moralischen und intellektuellen Bedeutung. Eine Korporation trägt immer den Stempel des Bodens, auf dem sie steht; der Italiener ist listig, versteht sich vortrefflich auf seinen Vorteil und verfolgt ihn rücksichtslos. Niemals wird durch diese Gesellschaft irgend eine wesentliche Veränderung in den erwähnten Verhältnissen veranlasst werden; das wäre eine in der Geschichte beispiellos dastehende Thatsache. Viel zäher noch als ein Einzelner hält eine Korporation an ihrer Machtstellung fest. Diese noch günstiger zu gestalten, liegt ihr mehr am Herzen, scheint ihr wichtiger, wie alles andere. Wir sehen desshalb, wie von dieser Seite jede, auch noch so notwendige Einrichtung bekämpft, jede neue Erkenntniss mit dem Anathem bedroht wird, wenn sie fürchtet, dass dadurch ihre Machtstellung leiden könnte. In keine unglücklicheren Hände hätte die Oberherrschaft in der katholischen Kirche fallen können, als in die eines Volkes vom Charakter der Italiener."

„Sehr viele halten sich verpflichtet, der Kirche treu zu bleiben, die ihnen in die Wiege gelegt worden ist, glauben damit auf besondere Rücksicht im Jenseits Anspruch machen zu können. Mögen sie sich vorsehen, dass nicht eher das Gegenteil eintritt. Ist es recht, vor offenkundigen Thatsachen die Augen zu verschliessen?! Durch solche Handlungsweise schadet man der Sache, der man dienen will."

„Es ist eine offenkundige Thatsache, dass die katholische Kirche sich heute weit, weit von der ursprünglichen edeln Einfachheit der christlichen Religion entfernt, in ihren Lehren eine ganz andere Richtung genommen hat."

„Es ist eine offenkundige Thatsache, dass die christliche Religion im Katholicismus zu weltlichen Zwecken im Interesse der Italiener missbraucht wird. Wer zählt die Millionen, die aus einem so armen Lande wie Deutschland nach Rom geflossen sind, und heute noch hat das nicht aufgehört."

„Es ist eine offenkundige Thatsache, dass es der katholischen Kirche nirgends gelingt, ihre Angehörigen auf eine höhere moralische Stufe zu heben, als andere Kirchen; überall sehen wir das Gegenteil."

„Wer am christlichen Glaubensbekenntniss hängt, der wende sich dem Altkatholicismus oder dem Protestantismus zu, die beide den Ideen des Stifters näher stehen. Los von Rom muss die Loosung der deutschen Katholiken sein, denn es ist keine Hoffnung, dass die christliche Religion unter römischer Oberhoheit ihren hohen Beruf erfüllt; gerade in der Einheit der Kirche liegt die Gefahr, dass Ehrgeiz und Herrschsucht die Oberhand gewinnen; die Trennung in Landeskirchen, wie in den ersten Jahrhunderten, wäre viel besser, weil sie dagegen ein Damm ist. Kleine Unterschiede im Dogma, die dann allenfalls entstehen, haben gar keine Bedeutung; die Menschen zur Gottes- und Nächstenliebe zu erziehen, das ist die Aufgabe."

„Wohl spielt auch im Protestantismus eine beschränkte Orthodoxie ihre verderbliche Rolle, sie findet aber ein starkes Gegengewicht in einer grossen Zahl geistig höher stehender Männer, welche die Gefahren dieser Richtung sehr wohl erkennen."

So die christlichen Gegner der römisch-katholischen Kirche.

Nur die grosse praktische Wichtigkeit dieser unerfreulichen Streitfragen war Veranlassung, sie überhaupt zu besprechen.

Wir von unserm Standpunkt können nur konstatiren, dass die Menschen sich um nichts bockbeiniger, erbitterter und grausamer bekämpft haben, als um Meinungen über Dinge, von welchen sie nichts, obsolut gar nichts, verstehen.

Welche Verirrung, den Glauben an bestimmte derartige Vorstellungen zu einem Gebote der Moral zu machen!

Wie kann ein wahrheitliebender Mensch sagen, er glaubt etwas, wenn das, was er glauben soll, für ihn ganz unverständlich ist.

## IX. Kapitel.

# Wie sollen wir handeln?

Noch einige hochwichtige in die Lebenspraxis eingreifende Erörterungen mögen hier eine Stelle finden.

Nehmen wir als oberste Grundlage für unsere Handlungen das erste christliche Gebot „liebe deinen Nächsten, wie dich selbst", was wird aus dieser ethischen Vorschrift bei wissenschaftlicher Prüfung?

Vor allem ist einzuwenden, dass man Liebe nicht befehlen kann. Liebe ist eine Empfindung, über die der Wille keine Macht hat. Dieser Nächste ist vielleicht ein schuftiger Verleumder, der deine mühsam errungene Lebensstellung untergräbt. Es ist eine unerfüllbare Forderung, ihn zu lieben. Nur eine bestimmte Handlungsweise kann ethisches Gebot sein. Logisch richtig muss es heissen: Handle so, als ob du deinen Nächsten liebtest, wie dich selbst. Das heisst weiter ausgeführt, thue was du kannst, auch andern zukommen zu lassen, was du für dich wünschest und erstrebst, thue was du kannst, auch deine Nächsten vor dem zu bewahren, was du fürchtest und vermeidest.

Was jeder für sich wünscht, ist eine günstige materielle Lage, was jeder mit Recht auf das Aeusserste fürchtet, das ist Armut und Not.

Da die Gesammtheit nur der Nächste in der Mehrzahl ist, so lautet obiges Gebot in seiner Ausführung mit grösserem Nachdruck:

Handle wie es eine allgemein dauernd günstige Lage der ganzen Bevölkerung fordert und vermeide alles, wodurch du diese schädigst.

Das ist christliche Lehre in ihrer einfachsten umfassendsten Gestalt. Sie kennt nur das ethische Gebot, aber keine Glaubensartikel, welche die Menschen nur irregeleitet haben und ihre Entstehung einer Zeit verdanken, in der man keine Ahnung davon hatte, in wie engen Grenzen sich menschliche Erkenntniss bewegt.

Als die grossen Religionsstifter ihre ethischen Gebote aussprachen, kannte Niemand die Ursachen von Not und Armut; man nahm sie hin wie Gewitter und Hagelschlag, und wenn Christus oder Buddha ihren Geboten eine so unhandliche Form gegeben hätten, wie es hier geschehen ist, kein Mensch hätte sie verstanden. In dieser erweiterten Form hat obiges Gebot eine weltumfassende Bedeutung; in ihm liegt die Lösung des grossen Problems unsres Geschlechts:

Allen Menschen ein heiteres, glückliches Dasein zu verschaffen.

Zu seiner Begründung ist es jedoch keineswegs nötig, die Autorität Gottes anzurufen; es liegt viel näher, diese Begründung in der gegenseitigen Stellung des Einzelnen zur Gesellschaft zu suchen. Die ganze Existenz des Ersteren ruht darauf und verpflichtet ihn, dass er das Seinige beiträgt, ihr zu nützen, und unterlässt, was sie schädigt. Handelt er dem entgegen, so ergreift die Gesellschaft die entsprechenden Gegenmassregeln mit vollem in der Natur der Sache liegendem Rechte; sie schliesst ihn aus.

Allen Menschen dieses Gefühl der Verpflichtung einzuprägen, das ist die Aufgabe der Erziehung, in jedem den Ehrgeiz zu wecken, ein nützliches Glied der Gesellschaft zu sein.

Wie weit sind wir in der Erziehung unsrer Jugend von diesen einfachen Principien entfernt; welche Mühe wird dagegen darauf verwendet, ihr Dogmen einzuprägen, von denen sie gar nichts versteht. Morallehren werden ihr gegeben, die Niemand beachtet, auf das Jenseits wird sie verwiesen, als das eigentliche Vaterland, während das Diesseits energisch seine Rechte fordert und sie in jedem Augenblicke sieht, wie alle, die Kinder Gottes gerade so, wie die Kinder der Welt, als Hauptziel ihres Lebens dahin streben, sich die Polster recht bequem zu legen — wenig Arbeit, reiche Einkünfte.

Im Gegensatz dazu wird die Forderung, eines heiteren glücklichen Lebens für alle, um so mehr erfüllt werden, je höher das ethische Durchschnittsmaass einer Bevölkerung sich erhebt, je mehr in den Handlungen des Einzelnen Nächstenliebe, Einsicht und ein starker Wille zur Geltung kommen.

Durch obige Darlegung wird die Frage:

Wie sollen wir handeln? Was gebietet die<br>Nächstenliebe?

in eine wissenschaftliche Frage verwandelt, in der nur die Nationalökonomie Aufschluss geben kann; diese soll uns jetzt darüber Rede stehen, wovon die dauernd günstige Lage einer Bevölkerung abhängt. Aus der Antwort werden sich die Pflichten des Einzelnen von selbst ergeben. Ihre Antwort nimmt natürlich keine Rücksicht auf die rasch wechselnden moralischen Ansichten der Gegenwart, sie ist nur auf die Lösung der Aufgabe gerichtet. Hören wir, was sie sagt.

Die Beantwortung fordert vor allem eine bestimmtere Formulirung der Aufgabe. Wenden wir uns zunächst der Frage zu, unter welchen Bedingungen sich eine Bevölkerung ihren notwendigen Bedarf dauernd mit möglichst wenig Arbeit verschaffen kann.

An dieselben Bedingungen knüpft sich in der Hauptsache eine möglichst günstige Lage; das zu ergründen, ist also unsere Aufgabe.

Das einfachste nationalökonomische Verhältniss eines Volkes besteht in einem gewissen Gleichgewicht seines materiellen Lebensprocesses, wo dieser in ungestörter gleicher Stärke weiter fliesst.

Dieses einfachste Verhältniss wollen wir als gegeben annehmen; es ist am leichtesten zu übersehen. Die meisten Schlüsse, zu welchen wir kommen, bleiben auch dann gültig, wenn dieses Verhältniss nicht stattfindet.

Nehmen wir an, auf einem gegebenen Terrain lebe eine Bevölkerung, annähernd so zahlreich, als der Boden gut zu ernähren im Stande ist und sie erhält sich in unveränderter Zahl. Diess fordert eine bestimmte sich wenig verändernde Gesammtarbeit, durch welche Verbrauch und Abnützung der vorhandenen Güter ausgeglichen wird. Nahrungsmittel und Heizmaterial müssen in jährlichem Kreislauf ergänzt, die Kleidung erneuert, die Wohnungen ausgebessert oder neu aufgerichtet werden.

Die Aufgabe der Production ist fortlaufender Ersatz des Verbrauches. Die Herstellung der Güter und ihr Verbrauch müssen sich fortlaufend im Ganzen, wie im Einzelnen, das Gleichgewicht halten.

Diess ist das erste und wichtigste Gesetz der Nationalökonomie.

Wie schon erwähnt, ist die erste Bedingung für eine bessere Gesammtlage, dass die Arbeitsbedingungen für den Ersatz des Verbrauchs günstiger sind.

1. Da ist nun vor allem die Teilung der Arbeit zu nennen; der Eine wendet sich diesem, der Andere jenem Productionszweig zu und meistens leistet er dabei mehr und erhält durch Austausch, den das Geld vermittelt, die Producte, welche er selbst nicht herstellen kann.

Das Geld ist immer eine Anweisung auf die Arbeit anderer und wird meistens für Dienste erhalten, die man anderen leistet, welche dadurch ihre Gegenleistung abtragen.

Die Gültigkeit dieser Anweisung ruht darauf, dass es selbst angesammelte Arbeit ist, nämlich Arbeit der Bergleute etc., die es hergestellt haben, und die Anweisung lautet auch ohngefähr auf so viel Arbeit, als nötig war, es herzustellen. Rechnet man den Taglohn eines Bergarbeiters zu drei Mark, so wird er durch seine Arbeit etwas mehr als diese Quantität Silber zu Tage schaffen und man wird durchschnittlich auch drei Mark durch eine andere Arbeit verdienen können.

Der empfindliche Nachteil der Arbeitsteilung soll nicht verschwiegen werden, dass dadurch die Thätigkeit des Einzelnen einförmiger und ermüdender wird, die Erholung, welche im Wechsel liegt, verloren geht.

Noch beklagenswerter ist der ewige Kriegszustand, der durch sie in der Gesellschaft herrscht. Jeder möchte bei dem Arbeitsaustausch möglichst gut wegkommen.

2. Günstigere Arbeitsbedingungen stehen dem Einzelnen zu Gebote, wenn seine Leistung grösser ist, das heisst, wenn er in gleicher Zeit und bei gleicher Anstrengung mehr zuwege bringt.

Geschicklichkeit und zweckmässige Arbeitsmittel sind hier entscheidend.

**3. Wer kann, soll seinem Verbrauch entsprechend arbeiten.**

Durchschnittlich muss der Einzelne, ebenso die einzelne Haushaltung, durch Arbeit ersetzen, was sie verbraucht, mit einem erheblichen Ueberschuss zu Gunsten anderer, die nicht arbeiten können (Waisenkinder, Krüppel, Kranke etc.). Ist das dem Manne in Folge der Arbeitsteilung unmöglich, muss er Ersatz auf seinem Felde bieten.

Jeder Mehrverbrauch sowohl bei dem Einzelnen, wie in der Familie (z. B. bei vielen Kindern) muss durch Mehrarbeit gedeckt werden. Zieht jemand die Musse vor, muss er einfacher leben.

Wenn einzelne, begünstigt durch ihre Stellung, mehr verbrauchen und weniger arbeiten, muss ebenso Mehrarbeit und Minderverbrauch der Uebrigen das Gleichgewicht herstellen.

Der Ausgleich des Verbrauchs in unserem rauhen Klima fordert unabänderlich, selbst bei grosser Sparsamkeit, eine Arbeitszeit von sechs bis sieben Stunden von jedem Productionsfähigen. Durch einen Ueberschlag des eigenen Arbeitsverbrauchs kann sich Jeder leicht davon überzeugen.

Unter dieses Minimalmaass könnte die aufzuwendende Arbeitszeit nur bei noch grösserer Vereinfachung der Lebensweise sinken, z. B. bei vorwiegender vegetabilischer Kost, die allerdings nach meiner Ansicht auch in anderen Beziehungen grosse Vorteile bietet.

**4. Jeder Arbeitsaufwand ist zu vermeiden, der keinem eigentlichen Bedürfniss entspricht.** Statt Arbeitsaufwand kann man ebensogut Geldausgabe sagen, denn Geld kann in der Regel nur durch Arbeit erhalten werden.

Trinken, Rauchen, Schnupfen sind der Gesundheit mehr oder weniger schädlich, beeinträchtigen die körperliche Leistungsfähigkeit und wenn man nicht an sie gewöhnt ist, entbehrt man sie gar nicht; wenn man sich ihrer entwöhnt hat, denkt man gar nicht mehr daran und hat alle Aussicht, eine bessere Gesundheit und eine ungestörtere Lebensheiterkeit zu geniessen.

Der Verfasser spricht hier aus Erfahrung.

Auch der Verbrauch von Thee und Kaffee, wenn er sich nicht in ganz engen Grenzen hält, schädigt die Nerven.

Es sind verkehrte Geldausgaben, oder gleichbedeutend, verkehrte Verwendungen der eigenen Arbeit.

Den eigentlichen Luxus in Kleidung, Wohnung, Pferden, Dienerschaft trifft schwerer Vorwurf. Wenn ein Arbeiter den Ertrag seiner Arbeit schlecht verwendet, trägt er selbst auch meistens den Schaden. Wenn dagegen der Bessergestellte seine grösseren Mittel auf diese Weise verbraucht, so vergeudet er meistens Arbeitserträge von andern, die ihm durch seine überlegene Stellung zufliessen, er giebt ein schlechtes Beispiel, fordert Neid und Hass des Bedrängten heraus: er schädigt das Interesse der Gesammtheit, das er mehr wie alle anderen zu bewahren berufen ist, denn ohne ihren Schutz wäre er nicht einen Tag im Besitze seiner günstigen Stellung.

Was soll aber ohne den Luxus aus den zahlreichen Menschen werden, die jetzt auf diesen ihre Existenz gegründet haben, Kutscher, Bediente, Köche, weibliche Dienstboten etc.?

Hier zeigt sich in auffallender Weise, wie wichtig es ist. in diesen Beziehungen unterrichtet zu sein; dieser scheinbar selbstverständliche Einwand ist trotzdem ganz ohne Bedeutung.

Wenn Jemand Geld auf irgend eine Weise verwendet, bringt er diese Arbeitsanweisung zur Geltung, er nimmt fremde Arbeit in Anspruch. Er kann diese für sich verbrauchen und das ist der Fall, wenn er Bediente, Kutscher, Pferde hält, und eine reiche Tafel beansprucht.

Er nimmt aber auch fremde Arbeit in Anspruch, wenn er sich bei irgend einem Unternehmen beteiligt, auf irgend eine Weise dauernde Werte schafft; es gilt das Gleiche, wenn er sich für sein Geld eine Aktie kauft, denn wer diese verkauft, wird meistens für die betreffende Summe unmittelbar Arbeit nehmen.

Ein ähnliches Verhältniss besteht zwischen einem Arbeiter, der seine Mittel in Bier und Cigarren verbraucht und einem anderen, der sich bessere Werkzeuge, oder haltbarere Kleidung, oder ein ihm nützliches Buch anschafft.

Am Ende des Jahres ist die ganze Arbeit für den Luxus des Reichen sowohl, als für Trinken und Rauchen des Arbeiters verbraucht, keine Spur davon übrig. Im andern Fall ist ebensoviel Arbeit verbraucht, ebensoviel Arbeiter sind beschäftigt worden, aber dann sind dafür Gegenstände von länger dauerndem Werte da; das Kapital, worauf die Forterhaltung der Bevölkerung ruht, hat sich vergrössert, Armut und Not ist weniger geworden, weil mehr oder besseres durch die Gesammtarbeit geleistet wird.

Wie immer man sein Geld verwendet, die Arbeit seiner Nebenmenschen nimmt man dabei in Anspruch, es sind nur andere Personen bei Luxusausgaben, als bei nützlichen Unternehmungen.

Wenn auf einmal von allen solche Sparsamkeit geübt würde, kämen allerdings ganze Classen der Gesellschaft in grosse Verlegenheiten, aber, wohl zu beachten, in den übrigen Beschäftigungszweigen würde zugleich ein entsprechend grösserer Bedarf an Arbeitern zur Geltung kommen.

Solche Veränderungen vollziehen sich jedoch immer langsam. Jede Erfindung von einiger Bedeutung hat ähnliche Verschiebungen in dem Arbeiterbedarf zur Folge, ähnlich auch jede Veränderung in den Zöllen oder Transportkosten.

Wir haben hier eine der wichtigsten Ursachen des nationalen Wohlstandes erörtert. Sie besteht, kurz gefasst, in einer einfachen sparsamen Lebensweise, welche Sitte und Lebensanschauung allen Ständen zur Pflicht macht und der Neigung, seine Mittel so zu verwenden, dass sie lang dauernden Nutzen bringen. Verpönung des Luxus, bestehe er jetzt in Pferden und Bedienten, oder in Cigarren und Bier.

5. Sitten und Gesetze sollen das Erbrecht beschränken, so dass eine Ansammlung grosser Reichtümer in einzelnen Familien verhindert wird.

Reiche Leute sind ein Schaden für die Gesellschaft; sie haben als Voraussetzung eine 100 mal grössere Zahl von Menschen in ungünstigen Verhältnissen. Reich sein heisst, von der gesammten nationalen Arbeit viel für sich verwenden können. Das hat als Folge, dass viele andere um so weniger bekommen.

Eine wenig verschiedene Verteilung des Wohlstandes ist das Wünschenswerteste.

Immer werden Einzelne durch Fleiss und Sparsamkeit in bessere Lage kommen, als andere. Immer wird es Leute geben, welche die Vorteile eines grösseren Besitzes höher schätzen, als die Musse. Es wäre sehr verkehrt, ihnen den wohlverdienten Lohn vorzuenthalten, denn dann würde Niemand mehr Kapital ansammeln und darauf stützt sich der Wohlstand eines Volkes in jeder Gesellschaftsform. Jede Art grösserer Unternehmungen (Eisenbahnen, Dampfschiffe, Kanäle, Bodenverbesserungen etc.) ruht auf angesammeltem Kapital. Es ist aber genug mit den Vorteilen, die eine gesicherte Stellung und die Macht des Besitzes mit sich bringt. Was darüber geht, ist meistens von Uebel für die Gesellschaft.

Von allen Seiten ertönen Stimmen, die mir zurufen: Was für ein Widersinn! Da dürften wir mit unserm wohl verdienten Gelde nicht anfangen, was wir wollen!

Ich antworte: Nein, das dürft ihr nicht. Unter dem Schutze der Gesellschaft habt ihr das Eurige erworben. Ihr seid meistens die besser Unterrichteten, die Gebildeten; eure Pflicht ist, der übrigen Gesellschaft mit gutem Beispiel voranzugehen. Thut ihr das Gegenteil, so seid ihr eure Stellung nicht wert, denn ihr missbraucht sie.

Die Verteilung des Einkommens ist in allen civilisirten Staaten in hohem Grade ungleich und ungerecht, die Folge einseitiger Entwicklung und einseitiger Gesetze; die dadurch entstehenden schweren socialen Uebelstände vermindern sich aber in dem Maasse, als der Vermögende einfach und sparsam lebt und den Ueberschuss seiner Einnahme zu Einrichtungen von dauerndem Werte verwendet.

Die Gesellschaft schützt im allgemeinen Interesse den Einzelnen in seinem Erwerb. Dass aber die Nachkommen eines Vermögenden, oder gar ganz entfernte Personen ohne alles Verdienst, durch Erbschaft in eine bevorzugte Lebenslage kommen, daran hat die Gesellschaft gar kein Interesse, da ist eine ausgiebige Beschränkung vollkommen am Platze.

Unter normalen Verhältnissen besteht etwa die Hälfte der Einwohner eines Landes aus Bauern. Die günstigste Lage dieses Teiles der Bevölkerung wird dann stattfinden, wenn alles unter Privatkultur befindliche Land in annähernd gleichwertige Stücke verteilt ist und jede Familie so viel Grund als erbliches, unteilbares Staatslehen zur Verfügung hat, als sie selbst gut bewirtschaften kann.

Jeder Grossgrundbesitz ist ebenso nachteilig, wie der Reichtum, bedingt eine grosse Menschenzahl in schlechten Lebensverhältnissen, Knechte und Mägde, die keine Hoffnung haben, in günstige Lage zu kommen, einem traurigen Lebensabend entgegengehen.

Auch hier ist eine annähernd gleiche Verteilung des Bodens das wünschenswerteste.

6. Jedes Land, dessen Einwohnerzahl sich fortlaufend vermehrt, kommt früher oder später in die Lage, dass sein Boden die Bewohner nicht mehr vollständig zu ernähren im Stande ist. Dann fordert die Rücksicht auf das Wohl der Gesellschaft, das Jeder die Zahl seiner Nachkommen beschränkt, in der Absicht einer weiteren Vermehrung Halt zu gebieten. Geschieht das nicht, so ist steigende Armut und Not die unvermeidliche Folge, bis durch die vermehrte Sterblichkeit der fortlaufende Ueberschuss vernichtet wird, oder durch Katastrophen, wie Revolution, schwere Kriege um wirtschaftliche Interessen, Epidemieen eine grosse Zahl der Einwohner zu Grunde geht. Die Vermehrung der Bevölkerung muss unter allen Verhältnissen eine Grenze finden, die Frage ist nur, wodurch sie zum Stillstand kommt; die schlechteste Lösung ist die obengenannte.

Man könnte einwenden, dass man ja Nahrungsmittel aus anderen Ländern durch Tausch gegen andere Produkte erhalten kann. Dadurch wird allerdings der Ausgleich jetzt in Deutschland z. B. hergestellt. Es ist aber zu beachten, dass die Einwohnerzahl jedes Landes sich so lange vermehrt, bis die Nahrungsmittel nicht mehr ausreichen. Es ist also Zufuhr aus andern Ländern nur ein vorübergehendes Aushilfsmittel, das sogar ganz unerwartet versagen kann.

Die meisten Staaten in Europa sind übervölkert und das Uebel schreitet noch immer weiter. Es zeigt sich in der immer steigenden Schwierigkeit für die Eltern ihre Kinder unterzubringen, in der zunehmenden Zahl von Selbstmorden und Verbrechen. Wenn das nicht aufhört, gehen wir mit schrecklicher Gewissheit schweren Krisen entgegen. Unsere Kinder und Kindeskinder werden unsern Mangel an Voraussicht, unsere Unfähigkeit, einer neuen Aufgabe gerecht zu werden, beweinen.

Man sollte glauben obiges, von dem Engländer Malthus 1798 zuerst ausgesprochene Bevölkerungsgesetz sei so selbstverständlich, dass Niemand ihm widersprechen kann und doch giebt es Leute, die es wegzudisputiren versuchen. Diesem Gerede gegenüber mag folgende Bemerkung am Platze sein. Die deutsche Bevölkerung vermehrt sich jetzt um circa 1% im Jahr, verdoppelt sich in etwa 70 Jahren. Wenn sie stationär bliebe und jedes Jahr 1% ihres Bodens, in 70 Jahren etwa die Hälfte desselben, das Meer wegspülte, der Einfluss auf den Wohlstand der Bevölkerung wäre derselbe. Die Folgen mag jeder sich selbst ausmalen.

In einem übervölkerten Lande sind viele Kinder ein Unrecht gegen diese, weil man ihnen bei steigender Zahl immer weniger die Bedingungen eines glücklichen Lebens geben kann, sind ein Unrecht gegen seine Nebenmenschen, denen man dadurch die Ehe und ihren Kindern die Lebensbedingungen erschwert.

Im Gegensatz dazu soll jeder Mensch wenigstens ein Kind haben, mit dem er jung bleibt, das ihn zur Teilnahme an der Zukunft des Geschlechtes anhält.

Hören wir einmal, was der Arzt dazu sagt: „Die Natur hat die Geschlechter auf den Verkehr angewiesen zum Zweck der Erhaltung der Gattung und hat diese hundertfach versichert, wie bei allen Organismen. Diese Versicherung kommt den Menschen hoch zu stehen. Der gesunde Mann ist 50 Jahre zeugungsfähig, das Weib 25 Jahre lang fähig, Kinder zu gebären. 50 Jahre erzeugt der Organismus des Mannes den Samen, mit der Bestimmung im Geschlechtsverkehr ausgeschieden zu werden und er fordert das mit steigender Dringlichkeit. Geschieht das nicht auf diese Weise, so erfolgt die Ausscheidung auf unnatürlichem Wege; das letztere ist der weitaus häufigere Fall. Dieser Process ist nur in ganz geringem Maasse vom Willen abhängig, kann durch diesen nur wenig zurückgedämmt werden und findet bei jedem gesunden normalen Manne statt. Ist das bei einem Manne nicht mehr der Fall, so ist seine Gesundheit geschädigt, er ist impotent, kann keine normale Ehe mehr eingehen. Ein gesunder Mann, dem der Geschlechtsverkehr ganz abgeschnitten ist, leidet darunter physisch und psychisch. Immerhin handelt es sich hier um einen Kraftverlust und ein weiser Mann wird ihn nach Kräften beschränken. Jeder geschlechtliche Excess schädigt die Lebenskraft, macht vorzeitig alt."

„Auch das Weib leidet unter dem Mangel an Geschlechtsverkehr; er ist für sie eine ebenso harte Entbehrung, wenn auch ihre Bedürfnisse meistens weniger derb materiell sind: sie will Kinder und einen Mann, an den sie sich anschliessen kann; gerade das echte Weib, ein Engel an Hingebung und Opferwilligkeit, hat dieses Bedürfniss am ausgeprägtesten. Die Erhaltung ihrer Gesundheit fordert, dass sie Kinder gebärt, aber mehr als zwei schädigen sie, wenn die Verhältnisse nicht besonders günstig sind, denn Schwangerschaft, Kinder aufziehen, Haushalt führen, reibt ihre Kräfte auf."

Die Sehnsucht nach Zärtlichkeit bleibt bei Mann und Weib, auch wenn längst schon die Vernunft gebietet, sich vor Kindern zu hüten.

Wir sehen in Frankreich in den meisten Ehen nur zwei Kinder, ein bewundernswürdiges Beispiel der Vorsorge für diese und für die Mutter. Jedermann weiss, dass dazu eine jahrzehnte dauernde nie schlummernde Vorsicht der Gatten gehört, um so schwerer durchzuführen, wenn sie gut mit einander leben, was dort häufiger der Fall ist, wie irgend wo anders. Wenn in Folge dessen sich nirgends so viele heitere, lebensfrohe Menschen finden, wie dort, so ist das eine wohl verdiente Belohnung.

Die Kurzsichtigkeit, mit der dieses Verhältniss von den meisten deutschen Blättern beurteilt wird, ist überraschend. Triumphirend wird darauf hingewiesen, wie die Bevölkerung in Frankreich in 10 Jahren um so und so viel 100000 Menschen abgenommen hat, als ob eine solche Zahl bei 40 Millionen irgend eine Rolle spielte. Mit Stolz wird dagegen hervorgehoben, wie die deutsche Volkszahl um so und so viel Millionen gestiegen ist. Aber nicht eine grosse Zahl, sondern eine günstige Lage der Bevölkerung ist zu erstreben; erstere darf nie auf Kosten der letzteren sich vergrössern; eine solche Vermehrung bedroht den Organismus der Gesellschaft.

Wir kommen hier auf ein Gebiet, wo die kirchlichen Anschauungen in scharfem Gegensatze stehen mit den Geboten der Nationalökonomie. Letztere fordert den künstlichen Abortus, wenn die Geburt des Kindes nach menschlicher Voraussicht für dieses selbst und die Eltern ein Unglück ist, z. B. bei Syphilis oder Lungensucht der Eltern. Sie sagt weiter, wenn eine Mutter das auf sich nehmen will, hat sie sicher die triftigsten Gründe dazu; sie sieht die Unmöglichkeit, das Kind aufzuziehen und will lieber dieses Opfer bringen, als zu sehen, wie das Kind nach Monate langem Leiden durch schlechte Ernährung und Mangel an Pflege zu Grunde geht. Sie fragt denjenigen, der sie davon abhalten will, hättest du Lust unter solchen Verhältnissen auf die Welt zu kommen? Wenn nicht, mute das nicht meinem Kinde zu. Wo ist die Stimme des Mitleids und der Nächstenliebe in dir? Wenn das kleine Geschöpf reden könnte, es würde auf den Knieen mit aufgehobenen Händen flehen, ihm dieses schreckliche Loos zu ersparen. Wagst du zu behaupten, dass diese Leiden im Willen Gottes liegen? Alles lässt für ein solches Kind einen ungünstigen Ausgang vorherschen. Die Mutter in dürftigen Verhältnissen, oft mit Schimpfreden überhäuft, lieblos behandelt, von Kummer und Sorge bedrückt, noch den Haushalt oder Fabrikarbeit auf dem Halse, übermenschliche Anforderungen. Täglich kann man hören, wie einer solchen Mutter gratulirt wird, wenn ihr so ein Geschöpfchen wegstirbt.

Obgleich der künstliche Abortus in der Hand des Arztes die Gesundheit der Mutter nur wenig bedroht, so wird doch Niemand in Abrede stellen, dass er ein Uebel ist, schon desshalb, weil er den Gang der Natur unterbricht, aber dieses Uebel ist ein viel weniger folgenschweres, als die Geburt eines Menschen, dem das Elend in die Wiege gelegt ist, mit dessen Aufziehung der Mutter Unmögliches zugemutet wird.

Die drohenden schlimmen Folgen sind der Maassstab für das Unrecht einer Handlung oder einer Unterlassung.

Es ist unbedingte Pflicht des Mannes, alles ihm Mögliche zu thun, dass er nicht seine Frau oder ein Mädchen, das sich ihm anvertraut, in eine solche verzweifelte Lage bringt. Das ist in Wahrheit eine Sünde. Sitten und Lebensanschauungen sollen das Weib beschützen. Sie soll ihr Haupt an die Brust eines Mannes legen können mit der vollen Zuversicht, dass er nichts thun wird, was ihre Zukunft zerstört. Ein viel freierer Verkehr könnte dann zwischen den Geschlechtern stattfinden.

Das Ergebniss unserer Untersuchung ist, dass die dauernd günstige Lage einer Bevölkerung im Wesentlichen die Erfüllung folgender Bedingungen fordert:

1. Eine grosse Arbeitsleistung aller Beteiligten gestützt auf Teilung der Arbeit, Geschicklichkeit und zweckmässige Mittel.

2. Alle Arbeitsfähigen sollen auch arbeiten.

3. Sitte und Lebensanschauungen machen allen eine einfache sparsame Lebensweise zur Pflicht.

4. Eine ausgiebige Beschränkung macht die Massenansammlung von Vermögen in einzelnen Familien unmöglich.

5. In einem übervölkerten Lande sind keinem Weibe mehr als vier lebende Kinder gestattet.

So lauten die Forderungen der Nationalökonomie.

Die meisten dieser Grundsätze stimmen mit den ersten christlichen Ideen merkwürdig überein, nur der letzte ist ganz neu; er ist das Resultat der Forschungen auf socialem Gebiet im Laufe des vorigen Jahrhunderts.

Eine dauernd günstige materielle Lage der ganzen Bevölkerung, das ist das Ziel der Nächstenliebe.

Welche hohe Anforderungen dabei an alle Menschen gestellt werden, das sagen diese Grundsätze.

Strebe darnach, sie in deinem Kreise zur Geltung zu bringen.

Die Zukunft des Menschengeschlechts ist deine Zukunft; mit all deinen Nächsten bist du verwandt durch Kreuzung in hunderten von Generationen. Die kommenden Geschlechter sind Blut von deinem Blute; in ihnen lebst du fort; die Thaten deines Lebens, dein Beispiel, sie wirken fort in unabsehbare Ferne, bis der letzte Mensch sein Auge geschlossen hat.

Ich glaube und hoffe, dass einst eine Religion die herrschende sein wird, welche die Unfähigkeit des Menschen, metaphysische Probleme zu lösen, eingesteht, es jedem Einzelnen überlässt, sich diese nach seinen Bedürfnissen zurecht zu legen, dagegen ihre Angehörigen verpflichtet, nach den Geboten der Nächstenliebe zu handeln, in Uebereinstimmung mit den klaren und bestimmten Worten der grossen Religionsstifter.

---

# Offener Brief

## an

## den Grafen Leo Tolstoi.

Mit dem Schluss dieser Arbeit beschäftigt, fiel mir dein Werk „Die sexuelle Frage" in die Hände. Mit tiefem Schmerze sehe ich einen Mann von so grosser Autorität geradezu verderbliche Ratschläge erteilen. Höre meine Stimme Tolstoi und prüfe, was ich Dir sage. Wohl weiss ich, wie schwer es ist, Jemanden von der Richtigkeit einer andern Ansicht zu überzeugen, aber ich glaube, dass Du Dich mancher meiner Einwendungen unmöglich entziehen kannst.

Ich bin ein Jahr älter als Du; was Du empfiehlst in Bezug auf Sparsamkeit und Einfachheit der Lebensweise, das habe ich von Jugend auf in ähnlicher Weise gehalten, lange, lange bevor Deine Stimme an mein Ohr drang. Dieser Einfachheit im Verein mit täglicher Körperübung verdanke ich meine Heiterkeit und Gesundheit. Nur wenige können sich eines so glücklichen Lebens rühmen; noch heute mit 74 Jahren freue ich mich täglich meines Daseins. Ich habe aber auch Deinen Ratschlag, keusch zu bleiben, als junger Mann mit voller Energie durchzuführen versucht, was Du nicht gethan hast, spreche also in dieser Sache aus Erfahrung.

Wir sind einig in der Ansicht, dass ein Knabe und Jüngling allen geschlechtlichen Erregungen fern bleiben soll: er entwickelt sich körperlich und geistig vollkommener, aber diese Zurückhaltung weiter auszudehnen (in unserm Klima über 23 bis 24 Jahre) ist für ihn bedenklich; dann tritt der Geschlechtstrieb bei zufälligen Gelegenheiten mit so elementarer Gewalt in seine Rechte, dass er fürchten muss, die Besinnung zu verlieren und blind zuzugreifen, wo nicht nur seine Existenz auf dem Spiel steht, sondern auch die seiner Kinder und Kindeskinder.

Früher oder später springt jeder geschlechtlich normal veranlagte Mann über den Bach und dann ist kein Halten mehr; die weiteren Säfteausscheidungen erfolgen, ob es dem Betreffenden gefällt oder nicht. In meiner Jugend habe ich Jahre lang dagegen angekämpft, glaubte durch Kasteiungen darüber Herr werden zu können, habe in dieser Absicht einen ganzen Winter auf dem blanken Fussboden geschlafen: es war umsonst. Das einzige Mittel, welches wenigstens Schranken zieht, besteht in der Beherrschung seiner Gedanken,*) aber es zieht eben nur Schranken, die Sache selbst, das Bedürfniss, bleibt: nicht einmal die Kastration schützt dagegen, sie macht nur die Befriedigung unmöglich. Da ist es nicht wie bei Bier, Cigarren und einem reichen Mahl, die man nur in Folge schlechter Gewohnheiten begehrt, die Entbehrung der Liebe ist ein empfindliches Uebel; nicht umsonst sagt der Apostel Paulus: „Besser ist freien, als Brunst leiden."

Die Natur will nicht, dass der Mensch keusch bleibt. Du im Gegenteil verlangst, dass er immer, auch in der Ehe, keusch

---

*) Die Beherrschung seiner Gedanken ist auch ein vorzügliches Mittel, die Heiterkeit seines Geistes zu erhalten; man soll Herr sein in seinem Hause; uralte Weisheit!

bleibt. „nur der Notwendigkeit weicht" und kein Mittel gegen die Entstehung von Kindern anwendet.

Wir haben glücklicher Weise ein vortreffliches Beispiel, was hier zu erwarten ist; Du selber hast es gegeben. So wie Dir, wird es auch andern ergehen; die Gatten pendeln dreissig Jahre lang zwischen Streben nach Enthaltsamkeit und „Notwendigkeit der Befriedigung" hin und her und das Resultat sind ein Dutzend Kinder, während die Erfahrung lehrt, dass eine solche Last die Gesundheit der Frau zerstört und die zuletzt geborenen Kinder sehr häufig an schweren körperlichen Gebrechen leiden.

Nun sind aber die meisten Familien, nicht wie die Deinige, mit Glücksgütern gesegnet, sondern arm, haben nicht einmal die Mittel, zwei Kinder ordentlich aufzuziehen, wie viel weniger einen ganzen Haufen. Da sehen wir dann eine kranke Frau, ein überarbeiteter Mann, verlumpte. hungrige Kinder, die Hölle in der Ehe. Wenn Deine Ratschläge befolgt würden, hätten wir in 20 Jahren ein unbeschreibliches Elend in ganz Europa; der Hungertod wäre das gewöhnliche Ende der Menschen.

Solltest Du nicht fühlen, wie bedenklich es ist, andern Lasten aufzubürden. die man selber nicht auf sich genommen hat?

Wo Du Deine Stimme erhebst für eine einfachere Lebenshaltung in allen Richtungen und selbst vorangehst. findest Du Wiederhall bei Tausenden, denn da giebst Du Ratschläge, deren Befolgung man nur wünschen kann.

Dagegen liegt Deiner ganzen Anschauung über den Geschlechtsverkehr eine starre Orthodoxie zu Grunde, die schon so viel Unglück in die Welt gebracht hat. Ohne Dich einen Augenblick zu besinnen, setzt Du Dich über tausendfache Erfahrungen hinweg.

Die Nächstenliebe soll der Leitstern für unsere Handlungen sein: diese allein kann ein Gebot begründen: keine Spur findet sich in den entscheidenden Forderungen, die Du stellst.

Die Moral ist kein feststehender Codex; neue Erfahrungen, neues Wissen ändert unsere Pflichten gegen unsere Nebenmenschen.

Wenn Jemand sich an dem Genuss einer schmackhaften Frucht erfreut. wird Niemand darin etwas Unrechtes finden.

Es wäre ebenso bei dem Geschlechtsverkehr, wenn nicht die Gefahr weittragender schlimmer Folgen für die Nächsten damit verbunden wäre; diese sind also das Entscheidende, nicht aber die Freude an der Zuneigung und Hingebung eines geliebten Wesens, die unvertilgbar in die Brust des Menschen gelegt ist.

Die Nächstenliebe gebietet, Sitten und Gesetze so zu ordnen, dass die Liebe zum Glück und zur Freude der Menschen beiträgt, nicht sie in das Verderben stürzt. Da sagt uns die Ueberlegung, dass es dazu keinen andern Weg giebt, als die Beschränkung auf den Präventivverkehr beinahe während des ganzen Lebens. Wie Jedermann weiss, ist auch das schon für die meisten Menschen ein schweres Opfer, aber es ist doch durchführbar: die Keuschheit ist es nicht. Wohl kämpft man hier gegen die Forderungen der Natur, die eine solche Beschränkung verbietet, eine böse Schattenseite, doch im Vergleich zu völliger Entbehrung, ein viel kleineres Uebel, das im allgemeinen Interesse ertragen werden muss.

Der Liebesgarten ist geschmückt mit herrlichen duftenden Blumen, grosse schillernde Falter wiegen sich auf ihnen, aber unter den Rosen lauert die Schlange. Niemand wandelt hier ungestraft, der die Gebote der Vorsicht und der Nächstenliebe missachtet.

# Nachtrag.

Die folgenden 30 Thesen werden zur Diskussion gestellt. Sie enthalten die wesentlichsten Ergebnisse der vorhergehenden Untersuchungen und weitere wichtige Schlussfolgerungen.

Ich glaube, dass die hier niedergelegten Anschauungen durch ihre Einfachheit und ihre vollständige Uebereinstimmung mit der Erfahrung auf keinen Unbefangenen ihren Eindruck verfehlen werden und in der gegebenen populären Form auch solchen Interesse abgewinnen können, die von Formeln nichts wissen wollen.

1. Die Sinneseindrücke durch die Aussenwelt sind die ersten Lehrer und Erzieher des Menschen; er behält sie in seinem Gedächtniss und lernt dadurch das Gesetz kennen, dass ähnliche Ursache meistens ähnliche Wirkung hat, worauf alle unsere Schlüsse sich stützen.

2. Diese Sinneseindrücke sind Kraftveränderungen in unserem Körper; nur diese kommen uns zum Bewusstsein.

Sie werden meistens durch Kraftveränderungen der Aussenwelt hervorgebracht, so dass eine Art Parallelismus zwischen beiden besteht, aber in ihrem Wesen sind sie himmelweit verschieden.

Wir betonen, beides sind Kraftveränderungen; eine ruhende Kraft könnte keinen Eindruck hervorbringen.

Auch das einfache Sehen eines Gegenstandes ruht darauf, dass er fortlaufend Licht zurückwirft, was Veränderungen in unserem Sehapparat zur Folge hat.

Eine ruhende oder, gleichbedeutend, eine sich nicht verändernde Kraft giebt es überhaupt nicht; jede ändert fortlaufend entweder ihre Intensität, oder ihre Richtung, meistens beides.

Die Erkenntniss des erwähnten Unterschiedes zwischen einem Vorgang und seinem Sinneseindruck ist ein wichtiger Schritt zu einer besseren Beurteilung der Erscheinungswelt. Von den wichtigsten Verhältnissen geben die Sinneseindrücke keine Kunde, wie z. B. von den unten folgenden, weltumfassenden Beziehungen. Ihre Erkenntniss ruht auf Schlüssen.

3. Helmholtz sagt: „Bewegung ist Ortsveränderung."

Daran knüpft sich folgender Schluss: Ortsveränderung ist immer Kraftveränderung, folglich ist Bewegung immer Kraftveränderung.

Wir haben folgende vier im Wesen gleich bedeutende Worte: eine Bewegung, eine Ortsveränderung, ein Vorgang, eine Veränderung; alle bedeuten eine Kraftveränderung.

4. Jedes kleinste Körperteilchen (Atom) ist mit jedem andern Teilchen im Weltall durch die kosmische Anziehung verbunden und hat gegen dieses eine Bewegung (Annäherung oder Entfernung) in bestimmter Richtung.

Das einzelne Atom hat also unendlich viele verschiedene Bewegungen seit Ewigkeit und ist das Zentrum unendlich vieler verschiedener anziehender Kräfte; ihr Zusammenwirken ist Ursache der Bewegung der kosmischen Massen; nähern sich diese einander, so vermehrt sich die Quantität der Bewegung (lebendige Kraft, kinetische Energie) auf Kosten der Quantität der Kraft (potentielle Energie); umgekehrt, wenn sie sich von einander entfernen (S. 37).

Die Vereinigungen der kosmischen Massen lassen ihre unendlich verschiedenen Formen entstehen, von welchen die Sonne mit ihren Planeten ein Beispiel ist; diese Vereinigungen sind auch Ursache der periodischen Bewegungen der Weltkörper, der Ströme von Licht und Wärme, die den

Raum durchziehen, beides Bedingungen für die Entstehung organischer Gebilde, wie wir sie auf der Erde sehen (S. 52).

Damit ist die Grundlage für die ganze Erscheinungswelt gegeben.

5. Ausserdem ist jedes Atom der Mittelpunkt noch anderer, teils anziehender, teils abstossender Kräfte von grosser Intensität, die aber nur auf unmessbar kleine Entfernung und bei bestimmten Verhältnissen zur Geltung kommen; sie begründen die verschiedenen Eigenschaften der Körper.

Man muss vermuten, dass diese Kräfte auf den verschiedenen Quantitäten kosmischer Kraft beruhen, die in den Atomen vereinigt sind (Atomgewichte), wenn auch bis jetzt ein klar ausgesprochener Zusammenhang nicht bekannt ist.

Meistens wird angenommen, dass Kräfte an einem Gegenstand (Substrat) wirken, den sie bewegen, der unabhängig eine Existenz hat; diese Vorstellung ist falsch, denn der bewegte Gegenstand besteht selbst aus Kräften, die sich fortlaufend verändern; etwas anderes ist uns nicht bekannt.

6. Auch die nahewirkenden Kräfte (Molekularkräfte, chemische Kräfte) sind niemals ruhend. Man ist allgemein der Ansicht, dass Wärme etwas ähnliches ist, wie Schwingung der Atome; ihre Steigerung löst alle Verbindungen. Vollkommene Ruhe könnte dann nur bei dem absoluten Nullpunkt der Temperatur, bei einer Kälte von 273° C. stattfinden.

Da wir vom Atom nichts anderes wissen, als dass es ein Kraftzentrum ist, welches an unendlich vielen verschiedenen Bewegungen gleichzeitig teilnimmt, so können wir auch in aller wägbaren Materie nichts anderes sehen, als Kräftekombinationen.

7. Das ist aber nur eine Seite der unendlich mannigfaltigen Erscheinungswelt; die Grundlage einer anderen Kategorie von Bewegungen ist der kosmische Aether, jene räthselhafte Materie, ohne Gewicht, die den ganzen Raum erfüllt, alle Körper durchdringt; jedes Teilchen dieser Materie will seinen Standort festhalten, wird aber gleichzeitig zu unendlich vielen Schwingungen der verschiedensten Länge, Richtung und Intensität angeregt;

diese machen auf uns den Eindruck von Licht und strahlender Wärme.

8. **Jede Ortsveränderung wägbarer Materie ist eine kosmische Veränderung, an der das ganze Weltall teilnimmt. Diese Teilnahme kann noch so klein sein, aber niemals ist sie Null.**

Die Bewegungen des kosmischen Aethers sind dagegen nur lokal, sie pflanzen sich aber, immer schwächer werdend, mit sehr grosser Geschwindigkeit in unmessbare Entfernungen fort. Niemals verschwinden sie gänzlich.

Die molekularen und chemischen Kräfte veranlassen im Wesentlichen nur lokale Veränderungen, pflanzen sich auch nur wenig oder gar nicht fort; sie sind, wie erwähnt, nur nahewirkend, aber von grosser Intensität; auf ihnen ruht die Bildung fester Körper. Sie folgen anderen Gesetzen als die kosmische Anziehung, die, wie es scheint, nur flüssige Körper erzeugen kann.

Jede Quantität von freier oder beschränkter Kraft (potentieller Energie), welche verschwindet, endet mit dem Uebergang in Aetherwellen (Licht und Wärme).

Jede Quantität der Bewegung (lebendige Kraft, kinetische Energie, Wucht), welche verschwindet, endet ebenso mit dem Uebergang in Aetherwellen.

Darauf beruht jede Erzeugung von Licht und Wärme (S. 53). Der Hammerschlag, der das Eisen erhitzt, ist das einfachste Beispiel.

9. **Jede Kraft in der wägbaren Körperwelt verbindet und bewegt immer zwei Massen.** Bei einem fallenden Stein macht die Erde eine Gegenbewegung; so klein diese auch sein mag, Null ist sie nie.

10. **Jede Kraft kann in zwei Formen sich verändern, in ihrer Intensität und in ihrer Richtung.**

Aus diesen beiden Formen und ihren Kombinationen scheinen alle mechanischen Bewegungen der Körperwelt hervorzugehen (S. 12).

Entfernungsvermehrung ist in der Regel gleichbedeutend mit Verminderung der Intensität der Kraft.

**11. Das primum movens des Weltalls ist die kosmische Anziehung.**

Jede Bewegung ist entweder Veränderung der kosmischen Anziehung selbst, wie die Bewegung der Fixsterne, ein fallender Stein, oder ist kosmische Kraft, umgewandelt in andere Formen der Kraftveränderung, wie Umlauf, Drehung, chemische Wirkung, organische Thätigkeit, Wärme, Licht etc.

**12. Die Quantität wägbarer Materie (der Masse) im Weltall ist unendlich gross.**

Das begründet die gleiche Annahme für die Quantität der freien Kraft und der Quantität der Bewegung (lebendigen Kraft).

**Darauf ruht die ewige Dauer des Weltprocesses.** Das ist die wahrscheinlichste Hypothese.

Von den letztgenannten Grössen geht fortlaufend ein Teil in die Form von Aetherwellen über, die im Raume sich zerstreuen und, so weit wir urteilen können, keine Wirkung mehr auf wägbare Materie üben können (S. 53).

Die bekannte Hypothese von der Unzerstörbarkeit der Energie enthält eine falsche Vorstellung. Nach dem Gesagten kann die kosmische Energie zwar nicht zerstört, aber unwirksam werden. Der Erfolg ist nahezu der gleiche.

**13. Denkt man sich in einem bestimmten Augenblick alle kosmischen Massen in Ruhe versetzt, dann aber wieder sich selbst überlassen, so würden alle Planeten und Doppelsterne etc.** sich mit den Zentralkörpern vereinen, aber diese selbst, in Folge ihrer Anziehung, sogleich neue Bewegungen, ähnlich den jetzigen, beginnen, und durch Vereinigungen entstünden im Laufe der Zeit ähnliche Planetensysteme, Doppelsterne, Nebel, wie wir sie jetzt sehen (S. 52).

Ueber die Frage, wie die erste Bewegung entstanden ist, haben sich schon viele den Kopf zerbrochen; als ein Wunder ist die Thatsache angestaunt worden. Hier die ganz einfache selbstverständliche Lösung. Mit den Atomen (Kraftzentren) und ihren Entfernungen sind auch die Bewegungen (Kraftveränderungen) gegeben.

Die Bestimmung der Bewegung dreier kosmischer Massen (z. B. Sonne, Sirius, Polarstern), die von der Ruhe aus sich selbst überlassen sind, das ist das Problem der drei Punkte in seiner einfachsten Form. Sie bleiben dabei in einer unveränderten Ebene.*) Trotz dieser Vereinfachung ist die Berechnung ihrer Bahnen mit den jetzigen Hülfsmitteln unausführbar. Die drei Körper kehren niemals in die gleiche Stellung zurück.

Beachtenswert ist, dass ohne Vereinigung kosmischer Massen keine regelmässige Umlaufbewegung stattfinden kann. Dazu wird immer erfordert, dass ein Teil der verbindenden freien Kräfte in Drehbewegung übergeht (S. 54).

**14. Weder Zeit noch Raum sind Fundamentalbegriffe.**

Erstere führt zurück auf den Fundamentalbegriff Veränderung (S. 88).

Raum führt zurück auf die Begriffe Wegstrecke (Entfernung) und Richtung (S. 89).

**15. Der Baustein des Weltalls sind zwei Atome,** verbunden durch eine Kraft, deren Intensität durch ihre beiden Massen (Atomgewichte) und ihre Entfernung (Wegstrecke) bestimmt wird, deren Richtung zusammenfällt mit der Richtung ihrer Verbindungslinie.

Zu jeder mechanischen Kraft gehört eine Wegstrecke; für sich allein bedeutet jedes der beiden Worte nur ein Abstraktum. Der auf der Erde ruhende Felsblock hat als Wegstrecke die Entfernung vom Erdmittelpunkt.

Bei den nahewirkenden Kräften ist der Einfluss der Entfernung der Atome nicht so klar ausgesprochen.

**16. Atomgewicht (Masse eines Atoms) ist Quantität** latenter, kosmischer Anziehungskräfte, die sich in dem Atom vereinen (S. 93).

---

*) Ich habe leider übersehen, diese Thatsache in meiner früheren Darstellung dieser Bewegung (S. 46) zu erwähnen.

17. **Was sich ändert, ist immer eine Kräftekombination.**

Zu den Aenderungen von Kräftekombinationen rechnen
also auch unsere Gedanken, unsere Gefühle und die Ansammlung
von Vorstellungen durch das Gedächtniss.

18. **Das Wesen der Erscheinungswelt besteht in
unendlich zahlreichen ewig fortlaufenden Kraftveränderungen von unbegrenzter Mannigfaltigkeit.**

19. **Alle unsere Schlüsse in der Erscheinungswelt ruhen
auf dem Kausalgesetz; es lautet:**

Je ähnlicher verschiedene Kombinationen von
Kraftveränderungen, desto ähnlicher sind in der Regel
auch die nachfolgenden Kombinationen.

Der Satz gilt auch umgekehrt.

Die vorausgehende Kombination heisst Ursache, die daraus
folgende, die Wirkung.

Niemals sind in verschiedenen Fällen weder Ursachen noch Wirkungen völlig gleich.

Den Kausalschluss macht auch das Tier; er setzt
Gedächtniss und Bewusstsein voraus.

20. **Die Kraftveränderungen der Erscheinungswelt machen
auf uns sinnliche Eindrücke, die sich unserem Gedächtniss
einprägen. Wir sehen nur schwache Spiegelbilder der Vorgänge, niemals diese selbst, wie erwähnt; diese selbst sind
viel komplizirter.**

Auf Grund des Kausalgesetzes vergleichen, ordnen
und kombiniren wir diese Eindrücke und ihre Vorstellungen, vermehren sie durch neue Beobachtungen
und Experimente, erweitern dadurch den Kreis
unserer Wirksamkeit.

Rechnet man dazu die Regeln einer richtigen Vergleichung (Mathematik, Logik), so sind damit im
Wesentlichen die Grenzen unserer geistigen Thätigkeit umschrieben.

Die Gesetze aller Wissenschaften, mit Ausnahme
der beiden eben genannten, beziehen sich auf Kraftveränderungen.

Die einfachsten Naturgesetze sind die des Gleichgewichtes,
das ist unendlich kleine Kraftveränderung in endlicher Zeit.

21. Die Kategorieen, nach welchen sich die Kraftveränderungen vergleichen lassen, gründen sich unmittelbar auf Sinneseindrücke. Wir nennen folgende: Quantität, Qualität (Mannigfaltigkeit), Intensität, relative Dauer, Wegstrecke, Richtung,
Geschwindigkeit.

Die Meisten derselben lassen keine weitere Erklärung zu.

Andere, ebenso wichtige Kategorieen der Vergleichung,
sind Resultate unserer Schlüsse, wie Quantität der Kraft (potentielle Energie), Quantität der Bewegung (kinetische Energie) etc.

Bei jedem Vorgang kommen verschiedene dieser Vergleich-
ungen in Frage, sei es jetzt ein fallender Stein, oder ein sich
drehender Körper, oder eine chemische Aktion, oder eine Schlacht,
oder eine Parlamentsrede.

Nur gleichartige Kraftveränderungen kann man in allen
Richtungen mit einander vergleichen, einen sich drehenden
Körper nur mit einem anderen, eine Schlacht nur mit einer
anderen, eine Parlamentsrede nur mit einer anderen, ungleich-
artige meistens nur in einzelnen Beziehungen.

Von grosser Wichtigkeit ist der Vergleich verschiedener
Kraftveränderungen durch Messung der Quantität kosmischer
Kraft, der sie ihre Entstehung verdanken. Man misst die
Wärme, oder gleichbedeutend, die Kalorien, welche sie zu er-
zeugen im Stande sind. Die Kalorie hat ein bestimmtes Aequi-
valent von Quantität kosmischer Kraft (S. 53).

Auf diese Weise werden mechanische, chemische, elektrische, molekulare Kräfte mit einander verglichen, gewisser-
massen auf ihren Ursprung zurückgeführt. In zahllosen Fällen
jedoch scheitert dieser Versuch an der Komplicirtheit der Erscheinung, wie z. B. bei den organischen Kraftveränderungen.

22. Jeder Fortschritt unserer Erkenntniss besteht
in weiter ausgedehnten richtigen Vergleichen in der

Erscheinungswelt, sei es jetzt, dass man mehr Thatsachen zur Verfügung hat, oder dass man die Regeln des Vergleichens besser kennt.

**23. All unser Handeln hat als Ziel, die Kraftveränderungen der Erscheinungswelt in unserem Sinne zu lenken, oder ihren Zusammenhang zu ergründen.**

24. Herbert Spencer sagt: „Der Stoff ist unzerstörbar; die Bewegung dauert fort; die Kraft besteht fort; die Bewegung ist unabänderlich rhythmisch."

Gegen diese sämmtlichen Sätze ist Einspruch zu erheben. Der Stoff besteht aus Atomen, kleinsten Teilchen; wir wissen nur, dass diese Kraftzentra sind und ihre behauptete Unzerstörbarkeit fällt zusammen mit der Behauptung, dass die Kraft fortbesteht, oder anders ausgedrückt, dass die Energie unvergänglich ist, was aber, in dieser Weise ausgesprochen, jedenfalls nicht richtig ist (ad 10).

Die Behauptung, dass die Bewegung fortbesteht, ist gegen alle Erfahrung; die meisten Bewegungen unserer Umgebung gehen in Wärme und Licht, also in Aetherwellen über, die im Raume sich zerstreuen. Immer neue andere Bewegungen entstehen ohne Grenze.

Ebenso unrichtig ist die Behauptung, „die Bewegung ist unabänderlich rythmisch"; vor Allem ist das falsch für die Bewegungen der kosmischen Zentralkörper; auch die Veränderungen in unserer Umgebung sind nur zum Teil periodisch.

Von den vier Thesen Spencers sind also die zweite und vierte in der gegebenen Form sachlich und formell zu beanstanden und statt der ersten und dritten steht besser: Die in dem einzelnen Atom konzentrirte Quantität kosmischer Kraft ist unendlich gross im Vergleich zu der Quantität, die dasselbe mit nur einem oder auch mehreren einzelnen Atomen verbindet; sie bleibt desshalb unverändert bei der Vereinigung desselben mit anderen Atomen. Das ist die Bedeutung der Unzerstörbarkeit des Atoms und des Fortbestandes der Kraft.

25. Du Bois Raimond in seinem bekannten Vortrag nennt folgende „sieben Welträthsel":

1. Was ist das Wesen von Materie und Kraft?

Diese Fragestellung ist unrichtig, ruht auf der falschen Voraussetzung, dass Materie und Kraft sich trennen lassen, so dass man jedes für sich betrachten kann.

Die Frage muss heissen: Was ist das Wesen der Erscheinungswelt? Antwort: Es besteht in ewig fortlaufenden Kraftveränderungen von unbegrenzter Mannigfaltigkeit (wie erwähnt).

Alle menschliche Erkenntniss in der Erscheinungswelt bezieht sich auf Vergleiche zwischen ihren verschiedenen Qualitäten, Quantitäten, Intensitäten, Veränderungen etc., wie ebenfalls schon erwähnt.

2. Was ist der Ursprung der Bewegung?

Dieses angeblich transcendente Welträthsel ist weder transcendent, noch ein Welträthsel, denn die Frage findet in dem unter Nro. 13 Gesagten eine einwandfreie Erledigung.

3. Wie entsteht das erste Leben?

Hier wage ich nicht, eine Antwort zu geben.

4. Wie entstehen die anscheinend absichtsvoll zweckmässigen Einrichtungen in der Natur?

Hier ist die Fragestellung unrichtig. Die Natur kennt keinen Zweck im menschlichem Sinne; wir wissen wenigstens nichts darüber. Auch sind ihre Einrichtungen keineswegs tadellos zweckmässig, können es gar nicht sein, weil jede Veränderung auf den Schultern des Vorhergehenden sich aufbaut und dadurch eng begrenzt ist, eine Grundregel für die ganze Erscheinungswelt, die bei jeder Veränderung zur Geltung kommt, auch bei allen gesellschaftlichen Verhältnissen.

Die Natur schafft und vernichtet fortlaufend unendlich verschiedene Kräftekombinationen; kein Tier, keine Pflanze, keine Zelle, kein Kristall ist wie der andere; sie wiederholt ihre Kombinationen niemals in ganz gleicher Form, auch bei

---

W. Wundt sagt in seiner Philosophie (S. 478 zweite Auflage), „Kraft ist Geschwindigkeitsveränderung materieller Theile". Soll heissen: Kraft, unlösbar verbunden mit Wegstrecke, ewig sich selbst verändernd, ist die Grundlage der ganzen Erscheinungswelt.

den periodischen ist das nicht der Fall. An die periodischen kosmischen Veränderungen schliesst sich das organische Gebilde an, ebenfalls eine periodische Kraftveränderung, dadurch ausgezeichnet, dass nicht nur mechanische und molekulare, auch chemische Kräfte sich dabei beteiligen. Dazu kommt, dass jede neue derartige Kombination sich fast ganz aus anderen Teilen aufbaut, damit die Verschiedenheit zur Regel macht. Dadurch wird jeder Organismus zu einem Experiment. Im Verein mit der Fortpflanzung, der Erblichkeit der Eigenschaften, der Umwandlung der äusseren Verhältnisse, dem Kampf ums Dasein, wird dadurch die fortlaufende Veränderung der Art und das Fortschreiten zu complicirteren Formen veranlasst; die erworbenen Eigenschaften bleiben zum Teil erhalten, neue kommen dazu; die Spuren längst erloschener Gestaltungen finden sich häufig in den Organismen. Es ist die bekannte Darwin'sche Theorie.

Die Natur schafft keineswegs nur zweckentsprechendes, aber nur das relativ zweckmässige kann sich erhalten.

Hierin liegt die Antwort auf obige Frage, die übrigens von Du Bois selbst angedeutet wird.

5. „Wie entsteht die einfache Sinnesempfindung?"

Antwort: Sinnesempfindung ist eine Kraftveränderung in unserem Organismus, welche die Schwelle des Bewusstseins überschreitet.

Meistens entsteht sie durch den Einfluss von Kraftveränderungen der Aussenwelt.

Die Sinnesempfindung setzt also Bewusstsein voraus.

Dadurch wird die Fragestellung verschoben; sie heisst jetzt: „Was ist Bewusstsein?"

Antwort: Die Sinnesempfindungen werden durch das Gedächtniss festgehalten; diese lehren uns, dass Veränderungen der Aussenwelt uns nicht so unmittelbar angehen, wie Veränderungen an unserem Körper, die meistens mit Lust oder Unlust verbunden sind. Dadurch erhalten wir das Gefühl der Zusammengehörigkeit aller Teile dieses Körpers mit uns. Dieses dunkle Gefühl nennen wir unser Bewusstsein. Es ist also ein Erfahrungsresultat und eine charakteristische Eigenschaft des tierischen Organismus, eine Bedingung seiner Existenz.

Dadurch wird abermals die Fragestellung verschoben; sie lautet jetzt: Was ist das Gedächtniss?

Die Antwort liegt hier ganz nahe, aber eine neue Aufgabe setzt uns in Verlegenheit. Wie ist ein Organ mit den Eigenschaften des Gedächtnisses möglich?

Da werden die Menschen wohl nicht so bald eine Antwort finden.

Ich neige mit anderen Autoren (E. Haekel) zu der Ansicht, dass im Atom sowohl, als im Aetherteilchen, sich Eigenschaften vereinigen, von welchen wir bis jetzt keine Ahnung haben. Manche der unerklärbarsten Erscheinungen sind vielleicht darauf zurückzuführen.

6. Wie entsteht vernünftiges Denken?

Vernünftiges Denken besteht in richtigen Vergleichen von Kraftveränderungen, gestützt auf Erfahrung, Gedächtniss und das Kausalgesetz.

In diesem Sinne denkt auch das Tier meistens vernünftig, so gross der Unterschied im Grade auch sein mag. Dieser Unterschied ist Folge der Fähigkeit des Menschen, Abstracta zu bilden. Er vergleicht Linien, Zahlen, Kraftkombinationen jeder Art, losgelöst aus ihrem Verbande; dadurch kommt er viel weiter.

Wie vernünftiges, weiter reichendes Denken entsteht? Antwort: Durch allmähliche Entwicklung, wie alle organische Thätigkeit.

7. Ist der Mensch willensfrei in seinem Handeln, oder ist sein Wille nur das Produkt seiner Verhältnisse?

Die tausendfach aufgeworfene Frage ist ein wahrer Kampfplatz für die konfusesten Diskussionen, deren Ursache in dem unklaren Wort „Willensfreiheit" liegt. Dadurch wird auch die Beantwortung ohne lange Erörterungen unmöglich. Nach meiner Ansicht gehört die Frage nicht hierher, um so weniger, als sie praktisch ganz belanglos ist. Natürlich denkt man dabei zuerst an unsere Gesetze gegen den Verbrecher. Das Interesse der Gesellschaft ist hier das Entscheidende; dieses fordert, dass ein solcher Mensch ohne Weiteres aus ihr entfernt und ihm die Möglichkeit abgeschnitten wird, Kindern das Dasein zu geben, die er erblich belastet, die er nur wieder zu Uebelthätern erzieht.

Die Erfahrung lehrt tausendfach, was ein Mensch einmal gethan hat, thut er wieder bei ähnlichen Verhältnissen. Drei Vierteile der Verbrechen sind Wiederholungen ähnlicher Handlungen durch dieselben Menschen.

Milde gegen diese ist Grausamkeit gegen ihre nächsten Opfer.

Allerdings ist eine scharfe Begrenzung des Begriffs Verbrecher sehr schwer und der Missbrauch der Gesetzgebung durch die herrschenden Klassen erfahrungsmässig eine grosse Gefahr.

Von den sieben Welträthseln kann man also nur eines gelten lassen, das dritte, „wie entsteht das erste Leben?" Alle anderen sind kaum Räthsel zu nennen, wie das zweite, vierte, fünfte und sechste, oder verlangen eine andere Fassung, wie das erste, oder gehören nicht hierher wie das siebente.

Drei andere Fragen haben seit undenklicher Zeit den Menschen mehr zu denken gegeben, als die vorher genannten, verdienen mehr den Namen Welträthsel.

I. Umfasst die Erscheinungswelt alles Seiende, oder giebt es Gebiete, die ausserhalb derselben stehen?

II. Schliesst die Laufbahn des Menschen in der Erscheinungswelt ab, oder greift sie über in andere Sphären?

III. Geht das Menschengeschlecht einer besseren Zukunft entgegen, oder haben wir es nur mit auf- und niedersteigenden Wogen zu thun und bleibt nach wie vor der Eintritt in das Leben für die Meisten ein unglückliches Ereigniss?

Man muss bezweifeln, dass diese Fragen jemals eine einwandfreie Lösung finden werden.


26. Die Philosophie, als Wissenschaft von dem Zusammenhang des Weltganzen, ist sehr jung. Was man früher so nannte, verdiente diesen Namen nicht, denn der antiken Welt, bis tief hinein in das Mittelalter, waren beinahe alle in diesem Buch erwähnten Thatsachen und Gesetze unbekannt, was konnte da über dieses Thema gesagt werden? Nicht minder fremd war ihr unsere gewissenhafte Methode der Forschung. Sogar Spinoza muss noch zu den Philosophen der alten Welt gerechnet werden. Der erste Teil seiner Ethik ist ein merk-

würdiges Beispiel, in welchen Seifenschaum von Worten sich sogar ein Mensch von so ausgezeichneter Begabung verlieren kann.

27. Wir haben keine Kenntniss von Dingen ausserhalb der Erscheinungswelt und, nach menschlicher Einsicht, können wir davon keine haben, auch wenn sie existiren, weil unser Denkapparat innerhalb der Erscheinungswelt steht, ihr angepasst ist.

Die erwähnten Kategorieen der Vergleichung, Quantität, Qualität, Intensität, Wegstrecke, Richtung gründen sich, wie gesagt, nur auf unsere sinnliche Beobachtung und sind keiner weiteren Erklärung fähig; auch bei der Vorstellung „Veränderung" ist das der Fall. Wir haben keine Berechtigung anzunehmen, dass diese Kategorieen auch auf metaphysischem Gebiete eine Bedeutung haben. Damit ist jeder Schlussfolgerung der Boden entzogen.

Alle unsere Schlüsse ruhen auf dem Kausalgesetz; das ist ein Gesetz, welches Kraftveränderungen vergleicht, also nur in der Erscheinungswelt gültig ist. Wir erhalten durch dasselbe auch hier immer nur Näherungswerte, und in unzähligen Fällen schwebt es auf einer Nadelspitze; man braucht nur an Zeugung und Vererbung zu denken, oder an die Bewegung dreier oder mehrerer Massenpunkte, wo eine ganz kleine Störung allmählich die ganze Bewegung verändert. Die Komplizirtheit steigt in weit rascherem Verhältniss, als die Zahl der beteiligten Körper. Im Weltall, bei unendlich vielen Massen, ist sie nicht nur unendlich viel grösser, sie ist unendlich viel grösser in höherer Potenz, die sich noch steigert, wenn bei der Vereinigung von Weltkörpern die zahllosen nahewirkenden Kräfte zur Geltung kommen.

Ein Geist, unendlich hoch über uns, aber doch auf gleicher Grundlage stehend, wie ihn Kant und Laplace darstellen, könnte diese Mannigfaltigkeit nicht erfassen, es müsste ein Wesen von anderer Grössenordnung sein, etwas für uns völlig Unbegreifliches.

Wenn Gott Denken zugeschrieben wird (Spinoza), das ist also Vergleichen von Kraftveränderungen, oder Handeln nach Zwecken, oder gewisse Ansichten und Wohlgefallen an gewissen

Dingen, alles Eigenschaften ähnlich den unsern, so schliesst sich an solche unüberlegte Vorstellungen eine ganze Kette folgenschwerer Irrtümer; Wahrheit wird auf diesem Wege gewiss nicht gefunden.

Im Gegensatz dazu haben wir die Zuversicht, dass auch auf dem fernsten Weltkörper, dessen Licht niemals die Erde erreicht, doch das Kausalgesetz und unsere Kategorieen der Vergleichung die gleiche Geltung haben, wie auf dem verschwindend kleinen Gebiet des Weltalls, dass unserer Beobachtung zugänglich ist.

Was mag sich alles abspielen in den unermesslichen Weiten, wovon wir gar keine Vorstellung haben! Niemals werden wir Kunde davon erhalten, aber Wunderwerke bietet uns die Natur überall und die Freude daran, das Interesse an der Erforschung ihrer Geheimnisse, soll den Menschen bis zum letzten Atemzuge begleiten, im Verein mit der Kunst sein Leben veredeln und verschönen.

28. Keine fremde Macht lenkt das Schicksal des Menschengeschlechtes, keine Spur davon findet sich in der Geschichte, sogar Zufälligkeiten spielen dabei eine bedeutende Rolle, doch der grösste Teil unserer Geschicke liegt in unseren Händen.

29. Allen Menschen ein heiteres glückliches Dasein zu verschaffen, das ist unsere Aufgabe.

Nur einem Geschlechte mit weniger Vorurteilen, mehr Voraussicht und mehr allumfassender Nächstenliebe wird einst ein besseres Loos zu Teil werden, als dem jetzigen.

30. Das grösste Hinderniss, die materielle Lage einer Bevölkerung zu heben, die schlimmste Ursache von Noth und Verbrechen ist Uebervölkerung. Jede Hoffnung auf dauernde Besserung ist ausgeschlossen, so lange es den Menschen nicht gelingt, ihre Vermehrung zu begrenzen; das verlangt sowohl ihr eigenes Interesse, wie das ihrer Nachkommen und das der Gesellschaft.